中国地质调查成果：科普读物

湘西–鄂西成矿带神农架–花垣地区地质矿产调查(DD20160029)

中南地区成矿带科普系列丛书

湘西–鄂西成矿带

(宜昌–神农架地区的重要地质记录)

XIANGXI–EXI CHENGKUANGDAI

(YICHANG–SHENNONGJIA DIQU DE ZHONGYAO DIZHI JILU)

段其发 曹亮 周云 安志辉 程龙 魏运许 编著

内容简介

本书是在地层、古生物、岩石、矿产资源等领域已有的调查研究成果基础上，结合近年来湘西–鄂西成矿带地质矿产调查项目成果编写而成的。书中以通俗易懂的语言介绍了35亿年以来宜昌–神农架地区的重要地质记录，包括华南最早的岩石和生物活动形成的叠层石、独特的中元古代地层、寒武纪生命大爆发之前已经存在的庙河生物群和岩家河生物群，同时，书中也记述了宜昌–神农架地区独特的地质现象，如新元古代岩浆岩和球状岩、冰碛岩，震旦纪地层中的盖帽白云岩和葡萄状白云岩，震旦纪—奥陶纪的连续沉积记录，代表中生代时期大型海生爬行动物快速复苏的南漳–远安动物群，以及在地球演化过程中形成的磷矿、铅锌矿、铜矿、金矿、铁矿等矿产资源。该书内容丰富，涉及地球系统科学的许多内容，可供大学生、中学生、导游和自然资源管理者参考使用。

图书在版编目(CIP)数据

湘西–鄂西成矿带：宜昌–神农架地区的重要地质记录／段其发等编著．—武汉：中国地质大学出版社，2019.9

（中南地区成矿带科普系列丛书）

ISBN 978-7-5625-4648-1

Ⅰ．①湘…　Ⅱ．①段…　Ⅲ．①成矿带–成矿地质–研究–中南地区

Ⅳ．①P617.26

中国版本图书馆CIP数据核字(2019)第210475号

湘西–鄂西成矿带
(宜昌–神农架地区的重要地质记录)　　段其发　**等编著**

责任编辑：舒立霞　　选题策划：王凤林　　责任校对：周旭

出版发行：中国地质大学出版社(武汉市洪山区鲁磨路388号)　　邮编：430074
电话：(027)67883511　　传真：(027)67883580　　E-mail:cbb@cug.edu.cn
经销：全国新华书店　　http://cugp.cug.edu.cn

开本：880毫米×1230毫米　1/32　　字数：137千字　印张：4.75
版次：2019年9月第1版　　印次：2019年9月第1次印刷
印刷：湖北睿智印务有限公司　　印数：1—500册

ISBN 978-7-5625-4648-1　　定价：68.00元

什么是成矿带

Shenme Shi
Chengkuangdai

成矿带的内涵

地壳中的矿产在时间上和空间上的分布都是不均匀的，有些地区稀少，有些地区密集。成矿带指的是地壳中矿床集中产出的地带，它们在地质构造、地质发展历史和成矿作用上具有共性。我们一般将呈狭长带状的矿区称为成矿带，长宽接近、呈面状的矿区称为成矿区。成矿带的面积大小不等，像洲际间的成矿带，面积一般为数百万平方千米。

成矿带一般有什么特征

成矿带的形成是区域地质构造运动演化的结果，受大地构造背景、岩石建造类型和区域地球化学特征等综合因素控制。因为这些特定的地质条件和一些其他因素，一个成矿带形成后，常以某几种矿产或某些类型矿床为主。例如，中国南岭成矿带中，钨、锡、锂、铍、稀土金属矿床比较集中，而长江中下游成矿带中铜、铁、硫等矿床密集，并且，在一个成矿区域内，矿床形成比较集中的时代也有一定的规律。例如，在全球的矿产中，有 2/3 的铁矿、3/4 的金矿均产于前寒武纪，煤矿主要产于石炭纪—奥陶纪和侏罗纪，石油及盐主要产于中、新生代。研究成矿带的规律和特征，能够给找矿勘查提供参考依据。

成矿区域如何划分

成矿区域的范围大小不一，往往可以划分出不同的级别。目前，人们一般按空间规模，把成矿区域划分为全球性成矿区域、成矿区（带）、矿带和矿田 4 个级别。我国在描述全国的成矿区时，一般将成矿区域分为 3 个级别：域、省、区（带），即成矿域［与Ⅰ级区（带）对应］、成矿省［与Ⅱ级区（带）对应］、成矿区［与Ⅲ级区（带）对应］，称为三分法。而在描述省（区、市）成矿区时，又在全国划定的Ⅲ级区（带）范围内再细分Ⅳ级、Ⅴ级两级，即成矿域、成矿省、成矿区（带）、成矿亚区（带，与Ⅳ级对应）、矿田（与Ⅴ级对应），称为五分法。

全球性成矿域属洲际性的成矿单元，它们包括巨大的板块边界、巨型褶皱带或造山带和贯通性深大断裂，面积一般达数百万平方千米。全

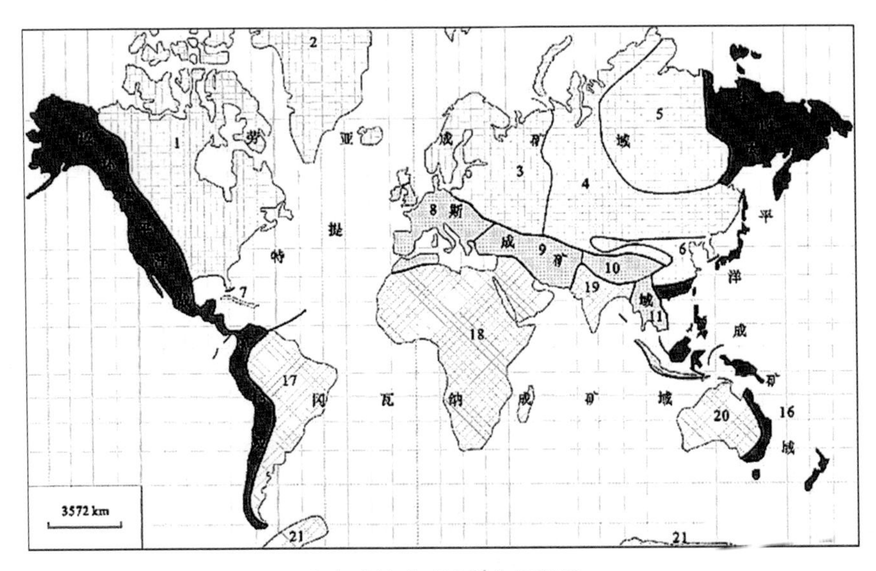

▲全球性成矿域划分示意图

球范围内划分出4个重要的成矿域，分别为劳亚成矿域、冈瓦纳成矿域、环太平洋成矿域和特提斯成矿域。

其中，劳亚成矿域展布于地球北部，横跨北美洲、欧洲和亚洲三大洲，是世界最大的成矿域。

冈瓦纳成矿域展布于地球南部，横跨南美洲、非洲、大洋洲和亚洲四大洲，是世界第二大成矿域。

特提斯成矿域横亘于地球中部，包括地中海沿岸及亚洲西南部和南部，地跨北美洲、欧洲、非洲、亚洲四大洲，连接劳亚、冈瓦纳两大成矿域，构成地球的“腰带”，是世界最小的成矿域。该成矿域从西班牙、意大利起，经巴尔干半岛、小亚细亚半岛进入南高加索、伊朗、巴基斯坦，进入我国西藏、川西及云南，再延至马来半岛，并在帝汶岛与环太平洋成矿域相接，延长约16 000km。

环太平洋成矿域环绕太平洋周缘展布，地跨亚洲、大洋洲、北美洲和南美洲四大洲，自南美洲南端起，沿南、北美洲西缘经安第斯、科迪勒拉等山系，经阿拉斯加，进入俄罗斯亚洲部分的东北地区，过日本群岛、我国台湾省及东南沿海、菲律宾、巴布亚新几内亚至新西兰一带，延长达40 000多千米。

值得注意的是，这些成矿域均跨入我国部分省区，对我国东部和西南部预测找矿有着重要意义。

成矿区(带)泛指大区域的成矿单元，有

▲劳亚成矿域

▲冈瓦纳成矿域

学者根据我国东部与西部地质背景、矿种组合与成矿作用的明显差别，将我国分为东部成矿区和西部成矿区。其中，东部成矿区通常被视为环太平洋成矿域的一部分。东、西部成矿区又可以划分出多个不同的成矿区(带)。全国统一分出5个成矿域、16个成矿省、90个Ⅲ级成矿区(带)。

成矿带是最常见的区域性成矿单元，如长江中下游铁铜成矿带、雅鲁藏布江铬成矿带、秦岭铜铅锌多金属成矿带等。成矿带之内还能划分出若干个成矿亚带，如长江中下游铁铜成矿带中的鄂东南铁铜亚带。

矿田指在统一的地质作用下、空间相邻的一组矿床分布区域。其分布面积一般为几十到一两百平方千米，如长江中下游铁铜矿带中的狮子山铜(金)矿田。

▲环太平洋成矿域

▲特提斯成矿域

中南地区地质矿产概况

中南地区北据长江，南临南中国海，处于长江经济带、长江中游城市群、海上丝绸之路、粤港澳大湾区、环北部湾经济区和海南自贸区自贸港等国家发展战略区。中南地区主要划分为扬子、华夏两大陆块以及秦岭－大别造山带、钦杭结合带4个大地构造单元，是研究亚洲大陆东部增生、冈瓦纳大陆、罗迪尼亚超大陆聚合－裂解的重要窗口，有30

多亿年的华南古老陆核记录。完整经典的地层剖面使得6枚国际金钉子落户于中南地区，也是研究大规模岩浆活动与成矿作用的典型地区，是我国南方有色金属、黑色金属、稀有金属、贵金属、页岩油气的重要能源资源基地，主要有6个国家级成矿带(区)。

1. 武当–桐柏–大别成矿带

该成矿带跨鄂、豫、皖三省，展布于扬子陆块北缘，南、北、东界分别为襄阳－广济、确山－合肥、郯庐断裂。区内岩石变质程度高，构造发育，演化具有多阶段复杂叠加的特点，岩浆活动普遍而强烈。矿产资源丰富，已发现金属和非金属矿等40余种，大、中、小型矿床(点)500余处，其中超大型金属矿床3处。优势矿种为钼、金、银、铜、铅、锌、铁、稀土、金红石等金属和磷、盐、碱、重晶石、累托石、膨润土、石材等一大批非金属矿，钼矿为最优势矿种，是我国最重要的钼矿带。

2. 长江中下游成矿带

该成矿带位于长江中下游地区，中南地区仅涉及到湖北省境内，该地区是我国富铁矿、富铜矿的重要产区，金、钨、钼、铅、锌等也是优势矿种。长江中下游地区是我国古代矿冶文明的发祥地之一，早在两千多年前的青铜文化时期，大冶铜绿山地区的铜矿资源就已被开采利用。该地区铁矿床以矽卡岩型、玢岩型为主，部分矿床具有矿浆成因的特征，代表性矿床有大冶铁矿、凹山铁矿、泥河铁矿。铜矿床以矽卡岩型、斑岩－矽卡岩复合型、斑岩型为主，代表性矿床有铜官山铜矿、城门山铜矿、沙溪铜矿。区内铁铜多金属矿床的形成一般与晚中生代大规模岩浆活动关系密切。

3. 湘西–鄂西成矿带

该成矿带主体位于扬子陆块及其东南缘，主体以地层发育为特色，新元古代至中三叠世地层大部属稳定型碎屑岩、碳酸盐岩建造。晚三叠世至新生代主体为陆相沉积，浅表层次构造复杂，岩浆活动微弱。区内矿产丰富，类型齐全，包括铅锌矿、金矿、(银)钒矿、铜矿、锰矿、铁矿、汞矿、锑矿、镍钼(铂钯)多金属矿以及非金属矿产重晶石(毒重石)矿、磷矿、煤矿、石墨矿、石膏矿、雄黄矿等。成矿带北部是我国三大磷矿产地之一，也是著名重晶石－毒重石成矿带；中部湘－黔－渝交界地区是我国著名的汞矿、铅锌矿、锰矿和重晶石矿集中分布区，也是我国三大磷矿基地之一；南部雪峰山及周缘地区是世界金矿、锑矿集中分布区。

4.南岭成矿带

该成矿带横跨黔东南、湘中南、赣南、桂北、粤北等地，空间分布跨越了扬子陆块与华夏陆块，是世界上研究燕山期大陆成矿体系和花岗岩成岩成矿理论最典型的地区之一，也是我国有色、黑色（锰）、稀有、稀土、放射性矿产分布的重要地区，是世界钨矿床和原生锡矿床分布最密集的地区之一，拥有世界上主要钨、锡矿类型。南岭地区优势矿种为锡、铋、钨、钼、稀有、稀土，重要矿种为铅、锌、银、锑、锰，一般矿种为汞、金、铜，具有一定潜力的矿种为金刚石及特殊非金属等。

5.桂东–粤西成矿带

该成矿带位于钦杭结合带的西南段，地理上包括广东的西部、广西的东部和海南岛。钦杭结合带是指扬子陆块与华夏陆块碰撞拼贴带及其南北两侧范围，在其发展过程中孕育了丰富的矿产资源。其中，桂东—粤西地区优势矿产主要有铁、金、铅锌、铜钼矿等，包括资源量亚洲第一（世界第二）的云浮超大型硫铁矿，国内最大的富铁矿床石碌铁矿，以及佛子冲铅锌多金属矿、抱伦金矿、河台金矿、圆珠顶铜钼矿、石碌铜钼矿等一大批享誉国内外的大型、超大型矿床。这些矿床在分布上明显受深大断裂和古生代盆地控制。

6.右江成矿区

该成矿区是区域上南盘江–右江成矿区的一部分。右江成矿区是我国金矿的重要产区之一，亦称之为滇黔桂“金三角”，矿床类型以微细粒浸染型（卡林型）金矿最为重要，次有矽卡岩型和砂金。另外，锰矿成矿地质条件良好，矿产资源丰富，在全国占有重要地位，矿床类型有沉积型、风化淋滤型、堆积型锰矿，其中大新下雷锰矿是我国超亿吨的大型锰矿区之一。铝土矿主要分布在右江断裂带西南盘，发育地段主要在碳酸盐岩构成的岩溶洼（坡）地中，分原生沉积和堆积两种类型。沉积型产于台地相上二叠统合山组底部，堆积型则与第四系岩溶发育关系密切。

前言

宜昌–神农架地区位于湘西–鄂西成矿带北部，是该成矿带的重要组成部分。在地貌上，该区处于云贵高原与江汉盆地–低山丘陵的过渡区域，属大巴山脉东部神农架山系与武陵山脉北东段的交会部位。区内山势高大，山峦重叠，山坡陡峻，峡谷纵横，是我国地形切割、地势高差最大的地区之一。山峰海拔多在1500m以上，其中，海拔3000m以上的山峰有6座，最高峰神农顶海拔3 105.4m，是大巴山脉主峰和湖北省的最高点，也是华中地区最高点，有“华中第一峰”之称，总的地势以神农顶为中心向四周逐渐降低。神农架山系为长江和汉江的分水岭，是汉江的源头，长江自西向东从宜昌通过。长江以南的长阳、五峰地区属武陵山脉，为云贵高原东延地带，以喀斯特地貌为主，溶洞、暗河分布广泛，地势由西向东逐渐倾斜，以海拔500m以上的山地为主，区内沟壑纵横，河流众多、水量丰富，均属长江流域的长江中游干流清江水系。

宜昌–神农架地区处在亚热带与北暖温带的过渡地带，受地貌影响，气候具有显著的垂直分带性和水平分带性，年平均气温随海拔的升高而降低，一般4.8～12.5℃，无霜期200天左右，年降水量在800～2500mm之间，七八月份为雨季，降水量约占全年的40%。森林覆盖率高达60%以上，局部地区尚保留有原始森林。区内动物和植物种类繁多，生物多样性明显，有国家重点保护的珍稀濒危动植物50余种，二级保护动物多达49种，二级保护植物有16种。

长江自古都是连接鄂、川经济文化交流的水上交通要道，209国道、318国道、沪蓉高速公路及宜万铁路纵横南北西东，各县及县内各乡镇间均有公路通达，但由于区内居民点分散,森林覆盖率高,河谷深切,山坡陡峻,神农架一带尚有大面积无人区，给部分地区的通行造成一些不便。随着旅游经济的发展和新农村建设的开展,各风景旅游点、居民点均有新建公路，交通设施会越来越好,通行条件会越来越好。

宜昌－神农架地区“上控巴蜀，

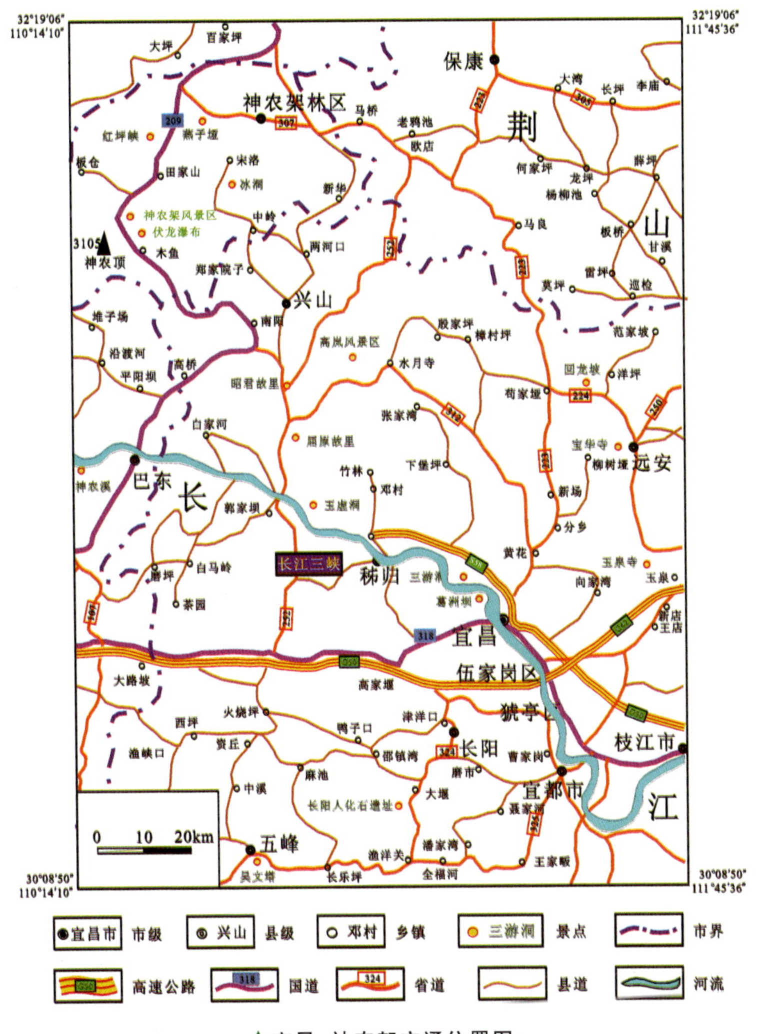

▲宜昌–神农架交通位置图

下引荆襄”，区内有著名的三峡大坝、葛洲坝、隔河岩等水利枢纽工程,被誉为“世界水电之都”。区内工业以水电和磷化工最具特色，目前已建成以磷矿勘查、采选、深加工为特色的磷化工生产基地，并在社会经济建设中发挥着重要作用，农业以粮食生产为主,主要产品有稻谷、玉米、红薯、土豆、小麦、油菜、蚕茧、烟叶、药材、水果、茶叶等。近年来，以自然景观为特色的旅游业得到蓬勃发展。旅游业、矿产品开发将成为区内未来经济发展中最具优势、最具潜力、最具活力的增长点。

宜昌 - 神农架地区位于湖北省西部,地势西高东低,从西部的中低山地貌到东部的丘陵、平原地貌,形成了异彩纷呈的自然景观。区内地质遗迹、旅游资源极为丰富,集地质剖面、古生物化石点、名山大川、历史古迹与现代水电工程、自然风光与人文景观于一域，许多景观资源品位高，在全国乃至世界上占有重要地位。在西部山区,奇峰异石、溶洞飞瀑、佳林名卉遍布,形成了秀、雄、奇、绝、险的自然旅游资源;宜昌市、荆州市、襄阳市都是历史文化名城,是巴楚文化的发祥地,有着众多的历史文化遗迹和三国古战场遗迹等人文景观,而且还保存有 35 亿年来地球形成、生命起源等具有重大科学意义的地质记录,同时,在 35 亿年的地球形成演化过程中形成了丰富的矿产资源，为当地社会经济发展插上了腾飞的翅膀。

目 录

地质矿产调查研究史 …………………… 1

地质公园 …………………………………… 7

一、神农架世界地质公园 ………………… 9

二、长江三峡国家地质公园(湖北) …………… 13

三、清江国家地质公园 …………………… 15

四、五峰国家地质公园 …………………… 18

地层 ……………………………………… 21

一、岩石地层 ……………………………… 23

二、生物地层与年代地层 ………………… 24

三、华南最古老的地层 …………………… 26

四、独特的中元古代地层——神农架群 ……… 30

五、连续完整的震旦纪—奥陶纪地层 ……… 32

六、金钉子剖面 …………………………… 39

古生物化石 ……………………………… 45

一、华南最早的叠层石 …………………………………… 47
二、南沱组古生物化石 …………………………………… 51
三、庙河生物群 ……………………………………………… 54
四、岩家河生物群 ………………………………………… 57
五、南漳-远安动物群 ……………………………………… 61

特殊沉积岩与地质事件 …………………………… 67
一、冰碛岩与雪球事件 …………………………………… 69
二、盖帽白云岩与天然气渗漏事件 ………………………… 72
三、葡萄状白云岩与古喀斯特作用 ………………………… 75
四、龟裂纹灰岩与角石世界 ……………………………… 78

岩浆岩 ………………………………………………… 83
一、黄陵花岗岩 …………………………………………… 85
二、球状花岗闪长岩 ……………………………………… 87

变质岩 ………………………………………………… 91
一、区域变质岩 …………………………………………… 93
二、混合岩 ………………………………………………… 94

矿产资源 …………………………………………………… 96
一、金矿 …………………………………………………… 98
二、铜矿 …………………………………………………… 99
三、铅锌矿 ………………………………………………… 102
四、银钒矿 ………………………………………………… 106
五、铁矿 …………………………………………………… 108
六、锰矿 …………………………………………………… 113
七、磷矿 …………………………………………………… 117
八、石墨矿 ………………………………………………… 123

结语 …………………………………………………………… 126
主要参考文献 ……………………………………………… 128

地质矿产调查研究史

Dizhi Kuangchan
Diaocha Yanjiushi

宜昌-神农架地区的地质矿产工作历史悠久，最早可追溯到19世纪中期，1863年，美国人彭伯利（Pumpelly）对长江沿岸作了地质路线调查，并在秭归香溪含煤地层中首次采到植物化石；1868年，德国地质学家李希霍芬（Richthofen）先后对鄂西和鄂东沿长江作过零星地质调查；1903年，美国人维里士（Willis）与勃拉克维德（Blackwelder）在鄂西进行地质调查，初步建立了该区地层系统；1912年，日本人野田势次曾3次来鄂西、鄂东开展地质矿产调查，对湖北构造地质作了初步划分。在此期间，欧美和日本其他地质学家也曾来境内对地理、地貌、地质构造和矿产资源作过调查。1916年，中华民国工商部地质调查所成立后，丁文江于1917年来湖北进行地质调查，历时3年，除编制了部分地质矿产图外，还著有《湖北宜昌罗惹坪志留纪地层研究》及《湖北兴山、巴东间中生代地层》等重要论文，所创建的志留纪和三叠纪地层单位至今仍在使用。1920年，李四光和赵亚曾到鄂西进行地质考察，于1924年发表了《长江峡东地质及三峡之历史》一文，创建的前震旦系崆岭片岩和峡东震旦纪地层单位沿用至今，同时，首次发现和记录了秭归新滩地区的志留纪笔石化石。此外，1925年，谢家荣和赵亚曾在宜昌分乡镇罗惹坪（又称大中坝）创建了“罗惹坪系”“纱帽山层”，并对志留纪笔石化石进行了研究；1925年之后，先后有谢家荣、赵亚曾、孟宪民、叶良辅、李捷、朱森、叶荣森、赵国宾、舒文博、俞建章、李毓尧、郭鸣俊、孙云铸等地质学家多次来湖北进行过地质矿产调查，发表过地区性地层古生物、构造、岩石以及矿产等方面的论著，为湖北地质工作做出了贡献。1933年孙云铸、1934年许杰对秭归新滩和远安、当阳地区的早志留世笔石进行了描述。谢家荣、孙健初和程裕淇等在考察长江中下游地区时，于湖南攸县、茶陵、宁乡、新化、安化及湖北宜都、枝江、长阳等地发现鲕状赤铁矿层，1935年将产于上泥盆统海相地层中的鲕状赤铁矿命名为宁乡式铁矿。目前宁乡式铁矿系指产于华南泥盆纪海相地层中的鲕状赤铁矿和赤铁矿，是我国南方沉积型铁矿床的代表。

1939—1949年间，许杰、许德伯、王钰、计荣森、李四光、尹赞勋、斯行健以及许德佑、马振图等对湖北地层古生物、地质构造、第四纪冰川遗迹等进行了较系统的研究，为提高地质研究程度做出了积极贡献。许多地质学家还分别对煤田地质、膏盐矿、铁矿、铜矿等进行了专题调查。老一辈地质学家辛勤劳动所获得的地层古生物、构造、矿产等成果均具有重要的开拓性与指导意义，为后来地质工作的发展提供了有利条件。

中华人民共和国成立后，区内地质矿产调查工作的广度和深度随着经济建设的需要而逐步发展和扩大。1954—1965年，杨敬之、穆恩之、卢衍豪、张文堂等人对区内地层古生物、构造、岩石与矿产做了进一步的工作。1959年穆恩之对宜昌罗惹坪附近龙马溪组底部黑色页岩中的笔石化石进行了详细研究，并建立了笔石带，为区内志留纪笔石动物群的研究奠定了基础。1957—1959年，在黄汲清先生领导下，姚瑞开编制了1∶100万湖北省地质图及说明书，对区内的地层层序和地质时代划分提出了粗略的方案，为本区的基础地质研究打下了良好的基础，1958—1961年北京地质学院在南漳地区开展1∶20万区域地质调查工作，初步建立了南漳地区的地层系统及地质构造轮廓。

20世纪50年代末至60年代，北京地质学院、湖北省区测队等单位在区内开展了系统的1∶20万区域地质调查工作，局部地区进行了1∶5万区域地质调查，对三峡地区各时代地层进行了系统研究；70年代，湖北省地质矿产局、地质博物馆、宜昌地质矿产研究所和中国科学院南京地质古生物研究所对本区震旦系至二叠系进行了较为深入的研究，在此基础上，编制了系列图件，出版了《湖北省地质志》。同时，多家地勘单位对煤矿、磷矿、铝土矿、金矿、黏土矿、黄铁矿、铜矿、膨润土矿、铁矿和锰矿等开展了系统的普查勘探和1∶20万石油普查，继而完成了“1∶50万湖北省及相邻地区地质图、矿产图”“神农架上前寒武系”研究及“鄂西神农架地区铜矿富集规律及成矿预测”研究，这些工作在基础地质和矿产地质等方面取得了丰富的成果，极大地提高了区内地质矿产的工作程度。

90年代初，徐安武等人结合长江三峡生物地层学以及鄂西地区层控铅锌矿成矿预测研究成果，先后对该区及邻区震旦系—寒武系、奥陶系及泥盆系等进行了古地理、沉积环境系统研究，详细论述了震旦纪—寒武纪层控铅锌矿、泥盆纪宁乡式铁矿的形成条件和分布规律。高振中等(1999)对三峡地区震旦系至白垩系进行了岩石学特征分类描述和成因探讨。许多学者以沉积－构造演化为主线，对各时代沉积盆地发展史作了探讨。湖北区测队、鄂西地质队先后在神农架北部、宜昌南部、黄陵－远安、宣恩－鹤峰、荆门－杨坡等地区发现了金刚石及大量金刚石指示矿物铬铁矿，初步圈定出土门、远安、周坪－绿葱坡、枝城－五峰、宣恩－鹤峰、安团－东巩6处金刚石指示矿物异常区。同时有针对性地开展了地质矿产研究工作，重点对黄陵背斜核部结晶基底的物质组成、形成时代及地质事件序列，秭归盆地的形成演化等进行了较系统的研究。90年代中后期湖北省地质矿产局完成的岩石地层单位清理成果进一步完善了该区的岩石地层划分方案，明确了各个地层单位的时代，出版了《湖北省岩石地层》。

90年代中后期以来，在国土资源部和国务院三峡移民局的支持下，由宜昌地质矿产研究所完成的“长江三峡珍贵地质遗迹保护和太古代—中生代多重地层划分和海平面升降变化”项目填补了该区层序地层和太古宇—中元古宇研究的薄弱环节，进一步提高了该区地层古生物，尤其是层序地层和年代地层的研究水平。

1999年地质大调查开展以来，宜昌地质矿产研究所、中国地质科学院地质所和南京地质古生物研究所等单位先后对区内震旦系生物多样性以及中国南方震旦系和下古生界年代地层单位划分和对比开展了一系列的研究。

2001—2005年，湖北省地质调查院先后完成了1∶25万神农架幅、荆门市幅、宜昌市幅和建始幅区域地质调查工作，对地层、构造、岩石以及区域矿产特征进行了系统总结，并运用新方法对关键地质体的时代进行了研究，在崆岭群物质组成、形成时代及地质事件等方面取得了一批最新的成果。

宜昌－神农架地区 直是我国地层学，尤其是新元古代和早古生代地层学研究的重要基地，具有较高的研究程度。该区不仅有我国南华系、震旦系的层型剖面，而且，在2005年和2006年，分别由南京地质古生物研究所和武汉地质调查中心牵头完成的宜昌王家湾奥陶系赫南特阶以及宜昌黄花场奥陶系大坪阶全球界线层型剖面和点（GSSP，“金钉子”）的研究，极大地提高了全球奥陶系年代地层研究程度。这两个金钉子剖面在空间上相距不到20km，在全球范围内是绝无仅有的。同时，中国地质大学（武汉）和中国地质科学院地质所等单位在峡东地区震旦系生物地层和年代学研究方面也取得了许多新认识，引起了国际同行的关注。

20世纪90年代由王鸿祯教授牵头完成的“中国古大陆及其边缘层序地层和海平面变化”研究极大地推动了区内震旦系和早古生代各纪地层层序划分和对比的深入开展。1992年刘宝□院士主编的《中国南方岩相古地理图集》、石油部门所出版的各时代岩相古地理图是不同历史时期对中国沉积相和古地理研究的总结，为宜昌－神农架地区的岩相古地理研究和沉积－低温热液矿床的找矿工作提供了丰富的资料。

在花岗岩岩石学研究方面，马大铨等(2002)系统总结了黄陵花岗岩基的基本特点，包括形成的区域地质背景，岩基内岩套、单元的划分及其特征，岩石序列划分、化学成分特点，稀土元素地球化学特征、副矿物组合以及花岗岩基的侵入和定位等内容，分析和讨论了黄陵花岗岩基研究所存在的问题。

在变质岩研究方面，2002年，汪啸风和马大铨等人基于该区崆岭群岩石学、岩石地球化学和同位素地质年代学的系统研究，初步建立了崆岭群的地质事件演化序列，为进一步开展变质岩的划分与对比研究奠定了重要基础。

宜昌－神农架地区的地质矿产调查工作开始于解放后，众多单位对调查区内的磷、煤、铁、铅锌多金属矿产等开展了比较系统的工作，获得了宝贵的资料。而真正全面系统的矿产地质调查为 1 : 20 万宜昌幅矿产调查报告，前后共计两轮，早期为北京地质学院 1959 年在区域地质调查基础上完成的，为后来的普查找矿工作提供了丰富的资料。该区的矿产调查工作主要有湖北省地调所 1962—1982 年完成的 1 : 20 万宜昌幅矿产调查，此外，围绕铅、锌、磷、铁矿、煤矿等矿种还不同程度地进行了普查、详查等工作，基本查明了控矿因素和富集规律，划分了成矿有利地段。

为配合区域找矿工作，2000 年以来，先后开展了湖北神农架地区铜银多金属矿评价、湘西 – 鄂西地区铅锌多金属矿勘查选区研究、扬子型铅锌矿成矿规律与选区评价、鄂西地区铅锌矿富集条件及靶区筛选等专题研究，在铅锌矿控矿条件、矿床成因、成矿时代以及成矿流体等方面取得一批新的成果，先后发现了冰洞山铅锌矿床和凹子岗锌矿床，圈定了一批找矿靶区和矿产地，为区域找矿工作部署提供了依据。

宜昌 – 神农架地区地处鄂西山区，山高坡陡，河谷深切，山势险峻，以滑坡、岩崩和泥石流为主的地质灾害时有发生，严重影响当地社会经济发展和人民生命财产安全。由于三峡大坝论证及建设的需要，水利部长江水利委员会、湖北省水文地质二队、湖北省地震局等自 20 世纪 70 年代开始，对区内的长江流域进行了 1 : 5 万、1 : 10 万、1 : 20 万、1 : 50 万区域水文、工程、灾害地质、区域地壳稳定性、岩溶及河流演化的调查与研究工作，编制了不同比例尺的图件和调查报告，为当地的国民经济规划、生态环境治理和改善提供了科学依据。特别是沪蓉(西)高速、宜万铁路、川气东输管线等重大工程的实施，区内环境地质条件正在或即将发生变化，需要对新的环境地质问题进行调查，从而为综合治理、预防各类环境地质问题的产生制定新的对策。

地质公园

Dizhi
Gongyuan

地质公园是指具有一定规模和分布范围的地质遗迹景观，并融合其他自然景观与人文景观而构成的一种独特的自然区域，它具稀有的自然属性、较高的美学观赏价值，既为人们提供具有较高科学品位的观光旅游、休闲度假、保健疗养、文化娱乐场所，又是地质遗迹景观和生态环境的重点保护区，是地质科学研究与地学知识普及的基地。

地质公园分为县市级地质公园、省级地质公园、国家级地质公园、世界级地质公园。国家级地质公园是由中国行政管理部门组织专家审定，经自然资源部正式批准授牌的地质公园。世界级地质公园(Global Geopark Network，简称 GGN)是由联合国教科文组织指派专家实地考察，并经专家组评审通过，最终由联合国教科文组织批准的地质公园。目前世界上有世界地质公园 140 余处，其中中国有 37 处，截至目前，中国已批准命名的国家地质公园有 213 处。

2004 年以来，宜昌 - 神农架地区先后建立了神农架世界地质公园、长江三峡国家地质公园(湖北)、清江国家地质公园和五峰国家地质公园。

一、神农架世界地质公园

神农架位于湖北省西部房县、兴山、巴东三县交界，因华夏始祖炎帝神农氏在此架木为梯，采尝百草，救民疾夭，教民稼穑而得名。神农架林区是我国唯一一个以林区命名的行政区，她东望荆楚，西接巴蜀，南通三峡，北临武当，209国道似一座天桥贯通南北，迎送南来北往的八方宾朋。地貌上位于大巴山脉东段，区内地势总体西南高东北低，山峰海拔多在1500m以上，华中地区6座海拔3000m以上的山峰均位于公园内，最高峰神农顶海拔3 105.4m，素有“华中第一峰”之称，最低点为下谷坪乡的石柱河，高程为398m。区内山势高峻，河谷深切，水系发育，为湖北省境内长江和汉江的分水岭。神农架不仅是华夏文明的发源地，更拥有同纬度地区少有的原始森林，是北回归线荒漠带的一颗绿色明珠。

▲神农祭坛

▲茂密的森林植被

该区属亚热带气候向温带气候过渡区域。气候垂直分带与水平分带明显，具有“一山有四季、十里不同天”的立体气候特点。

神农架以峰、垭、云、洞、树为特色，号称“神农五奇”，其中的树就是指当地有2200多种高等植物，有的是濒于灭绝的古老物种，如珙桐、铁坚杉、水青树、连香树、领春木等珍稀植物26种，区内植被发育，还保存有11片原始森林，自然生态环境未受到明显破坏，环境优美，空气清新，有天然氧吧之称。这里保存了当今地球中纬度地带最完好的原始森林生态系统，是驰名中外的“绿色明珠”“天然动物园”“物种基因库”和“炎天清凉王国”；园区内动物有570多种，被列为国家级保护的金丝猴等珍稀动物73种，有的动物有奇特的白化现象，如白熊、白蛇、白獐、白金丝猴、白麂等20多种，目前这些动物的白化原因还是未解之谜。

▲白金丝猴

▼神农架的沟谷地貌

▲神农顶的山岳地貌

1989年神农架被纳入世界生物圈保护区,主要保护金丝猴、珙桐等珍稀动植物;2005年被国土资源部批准为国家地质公园,2013年正式成为湖北省首个世界地质公园,总面积约1022km²,是典型的构造地貌生态综合型地质公园,由神农顶园区、官门山园区、天燕园区、大九湖园区和老君山园区等5个园区组成。其中神农顶园区展示了壮丽的山岳地貌及典型地质剖面,官门山园区以其独特的地质博物馆和丰富的峡谷地貌景观为主,天燕园区以峡谷与岩溶地貌景观为主,大九湖园区以发育冰川地貌和高山草甸为特色,老君山园区发育断裂构造与水体景观。

神农架世界地质公园所在地区的大地构造位置十分独特,该区是扬子陆块北缘大巴山、湘西武陵山及鄂西大洪山三大弧形构造带的交会位置,属于扬子板块北缘,区内记录有16亿年以来地壳沧海桑田变迁的历史,保存有许多重要的地质遗迹，如中元古界神农架群含叠层石白云岩、新元古界早期基性岩墙群与罗迪尼亚超级大陆演化、南沱组冰碛岩与“雪球地球”事件、陡山沱组盖帽白云岩与天然气渗漏－气候回暖事件、震旦系—寒武系黑色岩系及成矿作用、中生代扬子陆块北缘逆冲推覆构造、新生代隆升造山运动、第四纪冰川地貌、大九湖湿地及气候演化等，具有全球对比意义；还有在长期地质作用下雕琢形成的山岳地貌、构造地貌、流水地貌、岩溶地貌、冰川地貌等地质景观。根据地质遗迹的科学价值、美学价值和保护的难易程度，确定地质遗迹保护点148处，其中一级景点22处、二级景点115处、三级景点11处，是天然的地质博物馆。

神农架及邻区已探明的矿种有磷矿、铁矿、镁矿、铅锌矿、硅石矿、铜矿、建筑石材等15种，共有各类矿床点53处，其中主要矿种有磷矿、铁矿、铜矿、镁矿、铅锌矿、硅石矿等。

神农架地区发育完整的南华系—寒武系，为研究构造活动、全球性冰期气候、海平面升降、“盖帽”碳酸盐沉积以及成磷事件、寒武纪生命大爆发事件、黑色页岩与多金属成矿事件等国内外地学热点问题提供了良好的基地。

神农架是早期人类居住和活动的区域之一，区内有1000多年历史的川鄂古盐道、古代屯兵遗迹，该区保存有殷商文化、秦汉文化、巴蜀文化、荆楚文化遗迹，地域民俗文化资源蕴藏丰富、门类繁多。考古工作者先后在神农架的朝阳河谷发现了一二百万年前的石器、石斧。该区拥有众多优美而古老的传说与古朴而神秘的民风民俗，人与自然共同构成中国内地的高山原始文化。一直流传的中华民族先祖——神农氏尝百草采药、开拓中华农业文明的传说，汉民族神话史诗《黑暗传》，优美抒情的民间歌谣，绚丽多彩的传说故事，构成了神农架民间文学的宝库。

2016年，在第40届世界遗产大会上，神农架林区被列入世界自然遗产名录，区内具有完整的亚热带森林生态系统和丰富的生物多样性，成为湖北省第一处世界自然遗产。因此，神农架是我国首个获得人与生物圈自然保护区、世界地质公园、世界自然遗产三大保护制度共同录入的“三冠王”名录遗产地。

神农架被美国地理杂志推荐为“人一辈子不得不去的地方”，被《环球游报》及海外驻华使节和驻华媒体评选为“中国最值得外国人去的50个地方”之一。

二、长江三峡国家地质公园（湖北）

风景秀丽的长江三峡不仅拥有闻名天下的峡谷景观，而且蕴藏着世界地质奇观。长江三峡国家地质公园（湖北）园区是2004年国土资源部批准建设的第三批国家地质公园之一，不但是中国最大的地质公园，也是世界上少有的集峡谷、溶洞、山水和人文景观为一体的天然地质公园，园区内完整而又丰富的地质记录就像一本记录地球演变历史的教科书，透过那层层叠叠的岩石，人们可以观看到近35亿多年来的诸多地质遗迹，游览地貌奇特的长江三峡，仿佛穿越时光隧道，人们得以了解长江的形成演化、探索峡谷与岩溶地貌的奥秘；它是集科普教育、了解中华民族悠久历史和文化于一体的基地。园区西起巴东县，东抵宜昌市伍家岗区，总面积2500km^2。

长江三峡是中国古文化的发源地之一。著名的大溪文化，在历史的

▲三峡大坝全景

长河中闪耀着奇光异彩；这里，孕育了中国伟大的爱国诗人屈原和千古名女王昭君；青山碧水，曾留下李白、白居易、刘禹锡、范成大、欧阳修、苏轼、陆游等诗圣文豪的足迹与千古传颂的诗章；大峡深谷，曾是三国古战场，是无数英雄豪杰驰骋用武之地；这里还有许多著名的名胜古迹，白帝城、黄陵庙、南津关……它们同这里的山水风光交相辉映，名扬四海。

园区内建有目前世界上最大的水利枢纽工程——三峡大坝。三峡水库蓄水至175m水位后，自宜昌三斗坪至重庆650km的江段及支流河谷新增添一批可作为旅游景点的岛湖风光，其中有湖泊11个、岛屿及半岛14个。如曾经闻名于世的

▲王家湾金钉子

白帝城现如今已变成被湖水环绕、水鸟栖息的白帝岛，石宝寨已变成石宝岛。

长江三峡国家地质公园，既有中国南方距今大约35亿年前形成的最古老的岩石，又有记录自新太古代以来地壳和古地理演化历史的完整的地层剖面、古老的南华纪冰川沉积、震旦纪—新生代丰富的古生物化石点，以及重大构造地质事件和海平面升降事件所留下的记录，包括国内外著名的震旦系层型剖面，中国众多岩石地层单位的命名剖面，还有后期新构造运动及河流、岩溶、地下水和风化作用所塑造的峡谷、溶洞和河湖景观以及地质灾害的记录。

沿长江三峡和宜巴公路两条地质遗迹走廊带共分成9个园区46个级别不同的地质遗迹保护点和1个地质博物馆。9个园区是以地质遗迹集中分布所在地及其形成的地质时代为依据命名的，分别是：秭归元古宙园、西陵峡震旦纪园、晓峰寒武纪园、黄花奥陶纪园、新滩地质灾害防治纪念园（志留纪园）、兴山晚

古生代园、巴东三叠纪园、归州侏罗纪园和宜昌白垩纪园。园区内在相距不到20km的范围内分布的宜昌黄花场地质剖面和王家湾地质剖面，被国际地层委员会和国际地质科学联合会确定为“金钉子”，属世界罕见。区内寒武系和奥陶系发育完整，是我国南方浅水碳酸盐地层划分与对比的标准之一。

中生代晚期发生的燕山运动孕育了长江三峡的雏形，至新生代喜马拉雅运动，逐渐形成今日之长江，距今约200万年，统一的长江水系生成之时，三峡地区地壳不断抬升，长江河床不断下切，历经漫长岁月，形成了当今世界壮丽之自然奇观——三峡峡谷。

三、清江国家地质公园

清江发源于湖北省利川市齐岳山麓肖家塘，以“水色清明十丈，人见其清澄”，故名清江。2014年1月，长阳土家族自治县内的清江河谷，被国土资源部批准为国家地质公园，2017年10月正式通过批复为长阳清江国家地质公园。公园以东西向地质大走廊的清江干流为主线，串联武落钟离山、香炉石两大园区，形成“一廊两园”的总体布局，总面积约354km^2，其中武落钟离山园区面积272km^2，香炉石园区面积82km^2。该公园属于构造及岩溶地貌类型地质公园，在清江流域地质遗迹发育齐全，涵盖了清江画廊以及清江主干流两侧重要地质遗迹和旅游景点，是一个寓地质遗迹于自然山水、原始生态、民俗文化之中的自然景观，是了解和研究我国南方8亿年以来地壳及环境演化、沧海桑田变迁、河流形成奥秘的殿堂，是探索地球早期生命保存形式和进化、了解人类起源和土家族早期文明的宝库，是一个集古人类遗址、地层古生物、古冰川遗迹、构造形迹和河谷、岩溶地貌，以及人文景观为一体的天然地质博物馆。

清江全长425km，落差1430m，八百里清江，八百里画廊，八百里歌。清江是土家族的母亲河，洋洋洒洒八百里宛如一条蓝色飘带，穿山越峡，逶逶西来。河内数百翡翠般的岛屿星罗棋布、灿若绿珠，如黛江水烟波浩渺，高峡绿林曲径通幽，人称清江有长江三峡之雄、桂林漓江之清、杭州西湖之秀，风光无限，无与伦比。清江除了有如此美妙的水体景观外，沿岸还有清江三峡、天柱山、武落钟离山、巴王洞等地貌及人文景观，有清江漂流、丹水漂流等运动休闲景观，有具土家族风情的仙人寨风景区、土家吊脚楼观光旅游区，有具有历史文化价值的古人类遗迹“长阳人”洞穴遗址和化石出土

▼清江画廊景区

▲长阳人化石产地

▲长阳人上颌骨化石

地,有隔河岩、高坝洲以及水布垭水利枢纽工程的现代工程景观。

著名的“长阳人”遗址位于长阳县城西南45km的大堰乡钟家湾附近,关老山南坡,为一海拔约1300m的洞穴,洞口高约2m,宽约6m,平面呈不规则状。洞穴处于高山丘陵地貌区,四周山峦起伏,怪石嵯峨,三五村舍,疏林掩映,半隐于山坳之中,别具情趣。1956年以来先后发现人类的上颌骨和牙齿化石,与其共存的还有象、猪、竹鼠、古豺、大熊猫、鬣狗、东方剑齿象、巨貘、虎、獾、鹿、牛、中国犀等大批古脊椎动物化石,其中以犀牛、象、鹿三种化石为最多,属大熊猫－剑齿象动物群。同年,贾兰坡教授在《古脊椎动物学报》发表文章,以古人类化石出土地点命名为“长阳人”。

“长阳人”化石,包括1件不完整的、保留有第一前臼齿和第一臼齿的上颌骨,以及一颗单独的左下第二前臼齿。牙齿相当大,咬合面纹理复杂,齿冠较低,齿根很长。上颌骨和其他早期智人的一样,一方面保留了若干原始特征,如梨状孔的下部较宽,鼻腔底壁不如现代人那样凹,而与猿类接近,犬齿比较发达等;另一方面又有许多与现代人相近的进步特点,如颌的倾斜度没有北京人的显著,鼻棘较窄而向前,上颌窦前壁向前扩展超过第一前臼齿，颚面凹凸不平等。从总体上看，长阳人所具有的进步性质比原始性质要多，明显地比北京直立人进步。

"长阳人"是旧石器时代中期的人类，属早期智人，在中外人类学、考古学中具有十分重要的地位，距今约19.5万年，介于猿人和现代人之间，与北京猿人末期年代相当，是中国长江以南最早发现的远古人类之一。"长阳人"的问世，说明长江流域以南的广阔地带也是中国古文化发祥地，是中华民族诞生的摇篮。"长阳人"是世界人类进化发展于古人阶段的典型代表，填补了人类考古学"中更新世后期"和"亚洲长江流域"时空两个空白，也进一步否定了"中华文明西来说"。

"长阳人"化石不仅在考古学、古人类学研究上具有重要价值，而且对第四纪地质学的研究也具有重要意义。过去学者曾把大熊猫－剑齿象动物群的时代限定在中更新世，和北京人的时代相当。由于长阳人化石与该动物群共存，而长阳人又具有比北京人进步的体质特征，从而证明这一动物群的时代可延续到晚更新世。另外，关于长江中、下游阶地形成的时代，以往因没有动物化石可以借鉴，一直未能解决。长阳人及其动物群的发现，提供了洞穴和阶地的对比资料，解决了长江各阶地形成的时代问题，为南方的地层划分提供了依据。

四、五峰国家地质公园

五峰国家地质公园位于湖北省五峰土家自治县境内，2011年4月正式成为省级地质公园，2017年10月被批准为国家地质公园，园区面积约195km^2，东望荆湘，西接巴蜀，南临张家界，北通三峡，325国道贯穿东西，交通较为便利。

公园地处鄂西南近东西向展布的褶皱山地，河流走向和山脉走向大致平行褶皱轴向展布，地质记录可以追溯到5亿多年前的寒武纪初期，地质遗迹景观类型主要包括以五峰组剖面为主的典型地质剖面景观，以岩溶地貌、构造地貌为主的地质地貌景观，以腕足类、笔石类、三叶虫类等生物化石，以及丰富的沉积构造（古生物活动遗迹）、孑遗动植物活化石等为主的古生物化石景观。1931年，中国著名地质学家孙云铸根据从五峰渔洋关附近采集的笔石化石，创建了“五峰页岩”这一地层名称，后来称为“五峰组”。新生代以来该区表现为大范围的间歇性隆起，形成了以五级剥夷面为特征的层状地貌景观。区内拥有重要地质遗迹点77处，其中国家级地质遗迹点3处，省级地质遗迹点74处。

在园区范围内出露可溶性碳酸盐岩的面积占园区总面积的70%以上，地面岩溶广泛发育，溶洞、岩溶洼地、岩溶槽谷广布，形态多样，地下岩溶（层间溶隙、落水洞及水平溶洞）已经相互沟通，形成了地下岩溶管道网络，并造成地表水断流。岩溶主要发育在寒武系、奥陶系、二叠系之中。园区内随处可见岩溶作用

▼柴埠溪大峡谷

遗迹及其形成的形态各异的岩溶地貌景观,拥有完整的岩溶体系,从地表到地下、从低山区到中山区,岩溶体系发育之完备、岩溶地貌呈现之俊美实乃一绝，是岩溶考察研究的一个天然教室，因此该地质公园又被称为"岩溶公园"。

公园自东向西分为以岩溶峡谷地貌为特色的柴埠溪景区，以岩溶形态地貌为特色的白鹿景区，以构造地貌及岩溶地貌为特色的白溢寨景区，以构造地貌和原始生态为特色的后河景区，以地表岩溶地貌为特色的湾潭景区等五大景区。其中，柴埠溪景区有"幽峡百里，奇峰三千"的峡谷峰林地貌、喀斯特溶洞、喀斯特天生石桥、典型的早古生代地质剖面等地质地貌景观。后河景区以国内罕见的珍稀孑遗动植物群落、峡谷绝壁景观为特色,有中纬度地带保存最完好的原始森林生态系统,尤以大片保存完好的水丝梨、珙桐、红豆杉等古植物群落为稀世珍宝,是中国重要的"植物基因库"。

在白溢寨主峰(黑峰尖)的绝壁脚下，大量崩塌的石块堆积在沿裂隙发育的岩溶通道之上，石灰岩石块之间的空隙与岩溶通道相连,内外气流在此相聚,由于温差巨大,形成"盛夏结冰,寒冬暖巢"的"暑天冰穴"奇观。

地 层

Dichen

地层是一切成层岩石的总称，包括沉积的、变质的和岩浆成因的成层岩石在内，是一层或一组具有某种统一的特征和属性并和上下层有着明显区别的岩层。地层可以是固结的岩石，也可以是没有固结的沉积物，地层之间可以由明显层面或沉积间断面分开，也可以由岩性、所含化石、矿物成分或化学成分、物理性质等不十分明显的特征界限分开。

地层与岩层不同，前者具有时代的概念，即地层未受到后期地质构造作用的扰动，或未发生逆转（倒转），下部的地层比上部的地层时代要老，这种下老上新的关系叫地层层序律。长期以来，地球科学的研究与地层学密切相关，地层学已发展成为地球科学的一门重要的基础性学科。

湖北西部宜昌三峡至神农架地区是中国南方地层发育最齐全的地区，研究历史悠久。区内自太古宙至新生代第四纪的地层均有出露，它不仅较好地记录了地壳的形成演化过程，以及该过程中形成的丰富的矿产资源、珍稀矿物和岩石，同时，新元古代以来的地层中产出有大量保存完好的古生物化石，第四纪形成的洞穴中产出有多处古人类化石；晚中生代以来受地壳抬升、断陷作用影响，形成了特有地貌景观。因此，宜昌－神农架地区也是开展地壳形成、生命起源与演化、早期人类活动、生态环境演化研究的天然实验室。

地层的研究内容包括岩石组合特征与形成环境、古生物化石特征和形成时代，因此，地质学家和古生物学家将地层划分为岩石地层、生物地层和年代地层，甚至从地球化学特征和古地磁特征的角度，进一步将地层划分为化学地层和磁性地层。其中岩石地层、生物地层和年代地层是地层学最基础的，也是应用最广泛的部分。

一、岩石地层

岩石地层是以岩性特征作为主要划分依据，将岩性、岩相（系指岩石形成的环境）或变质程度均一的岩石构成的三度空间岩层体作为一个地层单位，重点是岩石特征的空间延展，而不考虑其形成年龄。根据工作程度，将岩石地层从大到小划分为群、组、段、层四级。群为最大的岩石地层单位；组为岩石地层的基本单位，其与上下地层间界线明确，具岩性、岩相或变质程度的一致性；段为组内次一级岩石地层单位，通常一个组可以根据岩性组合及其结构构造等特征的不同而划分为若干段；层是最小的岩石地层单位。

岩石地层单位的群、组和年代地层单位的系、统多以代表性地区的地名命名，如神农架群、震旦系陡山沱组、寒武系纽芬兰统石牌组等，但也有少数例外，如表示时间位置的第四系，表示岩石含义的石炭系、三叠系、白垩系，或源于民族名称的奥陶系、志留系。段和层大都以岩性命名，如砂岩段、灰岩层、铁矿层、磷矿层等。

宜昌－神农架地区地层出露连续、齐全。从太古宙、元古宙、古生代、中生代至新生代的地层均有分布，其中，太古宙至早古生代地层在华南地区最具代表性，部分地层为华南地区的唯一出露区。

二、生物地层与年代地层

1.生物地层

生物地层是以地层中所含有的古生物化石种类和特征为划分依据，它是以含有相同的化石属种和分布为特征，并与相邻地层单位中的化石明显有别的地层体。生物地层的单位主要有组合带、延限带、顶峰带、间隔带等。组合带是指含有一定特征的化石组合的一段地层，且该组合与相邻地层中的生物化石组合有明显区别。延限带是指某一个或几个化石属、种延续的时限所代表的地层体，代表该类生物从“发生”到“消亡”所占用的地层。顶峰带是指部分化石属、种最繁盛时期的一段地层，不包括前期出现数量不多时的地层，也不包括后期逐渐稀少时的地层。间隔带是指上、下两个明显的生物带之间的一段地层，它可以不含特别明显的生物化石组合，而完全缺失化石的地层则称哑间带。

上述生物地层单位之间不存在从属关系，也不相互排斥，更不代表生物地层单位的不同等级。由于生物演化具有全球的同时性和一致性，所以生物地层研究是确立地质时代和年代地层的重要手段，也是开展区域性地层划分对比的重要依据。

2.年代地层

年代地层是按地层的形成年龄将地球的形成历史划分成一些单位，类似于中国历史中划分的不同朝代。人们习惯于以古生物化石的有无来划分，即那些看不到或者很难见到生物化石的时代被称为隐生宙，而将出现大量生物化石以后的时代称作显生宙。隐生宙的上限为地球的起源，其下限年龄一般置于

6亿年或5.7亿年前。

年代地层以地层的形成时限(即地质时代)为依据，它代表了地球形成过程中某一时间片断内形成的所有层状地质体，这样划分便于人们进行地球和生命演化的表述。年代地层单位有宇、界、系、统、阶、亚阶，与其对应的地质年代(时间)单位为宙、代、纪、世、期、亚期。其中宇、界、系、统时间跨度大，具有全球统一性，是全球性年代地层单位；阶是全国性或大区域性的年代地层单位。

宇的划分主要根据生命物质的存在及方式。地球早期的生命记录为原核细胞生物，之后的生命记录为真核细胞生物，最后才发展为高级的具硬壳的后生生物，所以可将整个地史时期分为太古宙、元古宙和显生宙，所对应的年代地层单位则为太古宇、元古宇和显生宇。

界是指在一个“代”的时间内形成的地层。主要根据生物界发展的总体面貌以及地壳演化的阶段性来划分。由老到新划分为冥古界(≥40亿年)、始太古界(40亿～36亿年)、古太古界(36亿～32亿年)、中太古界(32亿～28亿年)、新太古界(28亿～25亿年)、古元古界(25亿～18亿年)、中元古界(18亿～10亿年)、新元古界(10亿～5.41亿年)、古生界(5.41亿～2.52亿年)、中生界(2.52亿～0.65亿年)和新生界(始于0.65亿年)，其中古生界以海生无脊椎动物为特征，中生界以爬行动物和裸子植物为特征，新生界以哺乳动物和被子植物为特征。

系是指在一个“纪”的时间内形成的地层，是年代地层单位中最重要的单位。纪主要依据生物某些纲或目的演化的阶段性，如寒武纪以三叶虫纲为特征，泥盆纪鱼纲发展，石炭纪两栖纲发展。国内最古老的纪叫长城纪。新元古代之前的地层记录不完整，空间分布范围也较为局限，“系”的划分或建立较为困难，目前尚无完整的划分方案；而新元古代以来，划分了青白口系、南华系、震旦系、寒武系、奥陶系、志留系、泥盆系、石炭系、二叠系、三叠系、侏罗系、白垩系、古近系、新近系和第四系共15个“系”。其中青白口系、南华系和震旦系为国内建立的。系的名称来源不一，有的表示时间位置，如第四系；有的出自岩石含义，如石炭系、三叠系、白垩系；有的源于民族名称，如奥陶系、志留系；有的来自地名，如寒武系、二叠系、泥盆系、侏罗系。

统是指在一个“世”的时间内形成的地层，主要根据生物目或科演化的阶段性来划分。一般一个系可以依据生物界面貌划分为2～3个统，也有少数划分为4个统，如寒武系自下而上划分为纽芬兰统、第二统、第三统和芙蓉统。一个统的延续时限为13～35Ma，第四系的统例外，更新统只有2Ma，全新统约1万年。

阶是指在一个“期”的时间内形成的地层，主要根据属、种级的生物演化特征来划分。标准阶的延续时限为2～10Ma。一般一个统包含2～6个阶。阶的应用范围取决于建阶所选的生物类别，以游泳型、浮游型生物建的阶一般可进行全球对比，如奥陶系和志留系以笔石建阶，中生代以菊石建阶。而以底栖型生物建阶一般是区域性的，只能用于一定区域的对比研究，如寒武系以底栖生物三叶虫建阶，多数只有区域对比意义。

三、华南最古老的地层

早期地球形成演化的信息被记录在古老的岩石中，而古老岩石一般出现在大陆内部的结晶基底之中，通常是经受了强烈的多期次地质作用形成的变质岩。由于后期地质作用改造，地球上大于38亿年的岩石分布十分有限。目前，地球上已知的最古老的岩石为加拿大北部的阿卡斯塔(Acasta)片麻岩，同位素年龄为40亿年；2008年，奥尼尔

(O’Niel)等对加拿大的努夫亚吉图克(Nuvvuagittuq)绿岩带进行研究，获得42.8亿年的同位素年龄，为寻找更古老岩石提供了可能。

地球最早的矿物记录残存在西澳大利亚伊尔岗(Yilgarn)克拉通中（克拉通是指在地质历史中大陆地壳上长期稳定的构造单元），为一颗44亿年的锆石，表明大陆地壳物质在地球形成之后几亿年就已经存在了。

我国最古老的岩石分布在华北鞍山地区的东山、白家坟和深沟寺等地。1992年，刘敦一等在上述地区的奥长花岗岩和变质石英闪长岩中获得38亿年的同位素年龄数据。

华南地区时代最老的地层以出露于宜昌黄陵地区的崆岭群为代表，为扬子克拉通（又名扬子陆块）结晶基底，它是了解扬子陆块早期地壳形成演化的最重要窗口，对探讨扬子陆块乃至华南板块早期构造格架及地质演化具有十分重要的意义。

崆岭群又名崆岭杂岩，由李四光1924年命名的“崆岭片岩“演变而来，呈穹隆状分布于黄陵背斜核部，面积约420km²，是目前扬子陆块上已知的时代最老的基底岩系。1960年北京地质学院在开展1：20万区域地质调查时将该套变质岩命名为崆岭群，自下而上划分为古村坪组、小以村组和庙湾组。

崆岭群被新元古代黄陵花岗岩基侵入而分成南、北两部分，主体为北部崆岭群，面积约360km²。岩石类型可分为太古宙TTG片麻岩（占总面积约51%）、古元古代变沉积岩（面积约占44%）和少量斜长角闪岩（面积约占5%）及局部产出的基性麻粒岩。TTG是英云闪长岩、奥长花岗岩和花岗闪长岩英文名称的首字母，所谓TTG片麻岩是指由英云闪长岩、奥长花岗岩和花岗闪长岩组成的古老变质岩系，它的起源和成因对研究地壳的演化、增生和再造具有重要的指示意义。南部崆岭群出露面积小于60km²，主要由花岗片麻岩、混合岩以及斜长角闪岩组成。崆岭群被古元古代圈椅□钾长花岗岩、古元古代辉绿岩脉以及新元古代黄陵花岗岩基和辉绿岩墙所侵入，所有岩石都被南华系莲沱组和南沱组不整合覆盖。1984—1987年，鄂西地质大队开展了1∶5万水月寺幅区域地质调查工作，将北部的变质岩重新厘定为水月寺群，地质时代为新太古代—古元古代，并由下至上划分为野马洞岩组、黄凉河岩组、周家河岩组，后来开展的1∶5万区域地质调查和专题研究，将水月寺群自下而上划分为野马洞岩组、黄凉河岩组、力耳坪岩组和东冲河片麻岩、巴山寺片麻岩，2005—2007年由湖北省地质调查院开展1∶25万区域地质调也沿用该划分方案。由此可见，野马洞岩组为区内最老的地层。

野马洞岩组主要为一套混合岩化的斜长角闪岩、黑云斜长变粒岩、黑云角闪斜长片麻岩、石英片岩、角闪片岩和黑云片岩，集中分布于圈椅趟岩体周边的野马洞、高岚、小白果园、下方溪、白果树、南渡河等地。受后期岩浆作用及变形变质作用改造，这套变质岩系在空间分布上不

▲野马洞组黑云母透闪石片岩呈包体形式（年龄为3024～2995Ma）

连续，多呈大小不等的包体产出，原始层序难以恢复，难以确定其原始叠置关系。原岩为拉斑玄武质、英安质火山－碎屑岩建造。

前人对崆岭杂岩进行了大量的年代学研究。1997年，马大铨等获得野马洞电站河流沿岸呈包体产出的斜长角闪岩年龄为32.9亿年，认为该年龄是崆岭杂岩形成和演化历史的起点，也是扬子陆块地壳形成的开始；1998年，李志昌等人获得英云闪长质片麻岩和斜长角闪岩的年龄为32亿年；2009年，焦文放等人获得黄梁村条带状黑云母斜长片麻岩的年龄为32亿年，并具有27.32亿年的变质年龄；2012年，魏君奇和王建雄获得水月寺镇北东约2km处野马洞河斜长角闪岩包体的年龄约为30亿年。由此可见，野马洞岩组斜长角闪岩的年龄范围主要集中在33亿～30亿年，大致可代表野马洞岩组的形成年龄，时代为中太古代。另外，据岩石学的研究成果，认为野马河岩组具有太古宙绿岩带物质组合特征，其原岩为一套拉斑玄武质－英安质火山岩建造，这种岩石组合反映当时发生过大陆地壳的拉张、裂解作用。

此外，2001年，高山等人在殷家坪—坦荡河一带的变碎屑沉积岩中发现年龄为33亿年的碎屑锆石，在野马洞一带的奥长花岗片麻岩中发现大于30亿年的继承锆石。精确的年代学研究显示变沉积岩中碎屑锆石年龄在32.8亿～28.7亿年之间，而大部分TTG片麻岩形成于29.5亿～28.5亿年之间，证明扬子陆块存在32亿年的古太古代陆壳物质。2006年，Zhang等人对取自莲沱组的一个砂岩样品进行了碎屑锆石年龄分布模式研究，发现了一颗38亿年的碎屑锆石。

近年来，武汉地质调查中心魏运许等在该区进行区域地质调查时，新发现了34亿～33亿年的地质实体和39亿年的碎屑锆石，表明区内存在古太古代的地壳物质，并可能存在始太古代的地壳。

综上所述，黄陵地区无疑存在38亿年之前的陆壳岩石，最早陆壳可能在40亿年时就开始形成了，进一步的研究表明，扬子陆块地壳的形成和增生主要发生在33亿～27亿年之间，且在中太古代和古元古代发生了多期次的地壳再造、增生作用。

四、独特的中元古代地层——神农架群

神农架地区的地质调查工作始于20世纪60年代。1962年，江涛和华媚春将区内出露的最老地层命名为“神农架群”，作为扬子陆块内保存比较完整的中元古代地层。该套地层总体呈东西向展布，面积约1830km²，主体岩性为一套以白云岩为主的沉积岩，夹多层火山岩和碎屑沉积岩，其底出露不全，上部被南华纪地层不整合覆盖，出露总厚度大于12 748m。1987年，李铨和冷坚将其划分为11个组，自下而上命名为鹰窝洞组、大岩坪组、乱石沟组、大窝坑组、矿石山组、台子组、野马河组、温水河组、石槽河组、送子园组和瓦岗溪组，尽管后来许多研究者提出了不同的划分方案，但是该划分方案还是得到了大多数学者接受并采用。矿石山组、台子组和送子园组以细碎屑岩为主，其余地层均以白云岩为主，且在白云岩中普遍发育叠层石，矿石山组和送子园组中还产有条带状、层状赤铁-磁铁矿。

神农架群的年代学研究程度很低，1987年，李铨和冷坚将神农架群的时代置于16亿～10亿年。近年来在神农架群中获得一批高精度年龄数据：2011年，Qiu（邱啸飞）等人获得郑家垭组（神农架群最顶部层位，为新建岩石地层单位）火山岩的年龄为11.03亿年；2013年，李怀坤等人获得野马河组凝灰岩的年龄为12.16亿年；2016年，卢山松等人获得矿石山组白云岩的年龄为16.32亿年，据此，可以将神农架群的沉积时代严格限定在16亿～10亿年之间，可作为中国地层表中待

▲台子组中细粒石英砂岩，磨圆较好，多呈次圆状

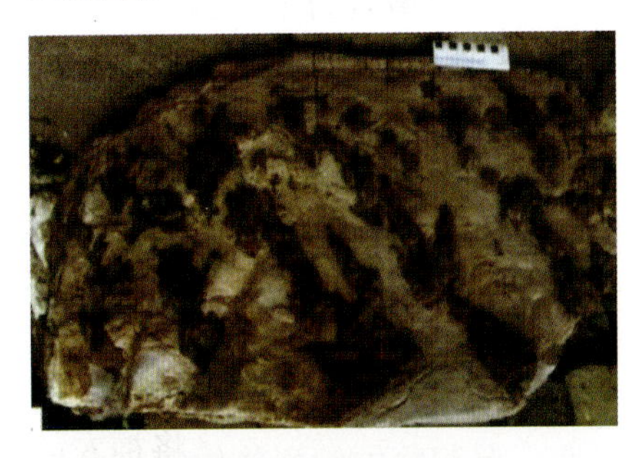

▲锥状叠层石(矿石山组，宋洛)

▲波状、柱状藻石(石槽河组，温水河)

建系(13.2 亿～10亿年)的潜在候选层型剖面，为深入研究中元古代的地层特征提供了新的素材。

区域上，神农架群分布范围仅局限于神农架地区，但厚度巨大，岩性以富含叠层石的白云岩为主，并具有很多浅海环境形成的沉积构造。很难想象在长 6 亿年的时间里，沉积环境一直保持为清洁温暖的浅水环境(潮坪－□湖)并沉积万余米厚的地层。

神农架群一直被视为扬子陆块中元古代地层的典型代表，其中的碳酸盐岩地层含有丰富的叠层石，为湖北省内乃至华南地区最早的生物活动遗迹；并且在其形成过程中伴有多次岩浆活动，出露多层火山岩或凝灰岩，如乱石沟组最上部的岩性为粗面质凝灰岩，大窝坑组上部出露有少量的基性火山角砾岩，温水河组底部发育枕状玄武岩层且被紫红色凝灰岩覆盖。因此，神农架群对认识中元古代中晚期的生物活动、沉积环境、构造－岩浆事件均具有重要意义。

综上所述，对神农架群的调查研究工作虽然已有半个多世纪，但在地层划分、区域对比、古生物、沉积盆地演化及其分布的局限性等方面还有许多问题没有完全解决。

五、连续完整的震旦纪—奥陶纪地层

三峡东部宜昌—秭归地区，简称峡东地区，该区震旦纪—奥陶纪约2亿年的地层发育齐全，记录完整，是中国震旦系层型剖面和许多寒武系—奥陶系岩石地层单位命名所在地，其中保存有丰富的古生物化石，是开展震旦纪—奥陶纪地质演化和早期生命起源演化研究的有利地区。

1.震旦系

震旦为中国之古称，作为地层名称，始于德国地质学家李希霍芬(Richthofen Ferdinand von,1833—1905年)1868—1872年对到中国的地质地理考察。1922年德裔美国地质学家葛利普（Amadeus William Grabau,1870—1946)根据对中国地层的研究重新厘定了震旦系的涵义，正式提出震旦系是系一级的地层单位。“震旦”一词用于系一级年代地层单位名称已有近100年历史,特别是近40多年来三峡地区的震旦系不仅成为我国震旦系划分对比的标准，而且在国际新元古代地层的划分与对比方面也占有举足轻重的地位。震旦系与国际上的埃迪卡拉系相当。

震旦纪是生命史上的一个关键时期，沉积物中的生物构造大为增加，许多新的无脊椎动物类群开始栖息海底。以软躯动物为代表的底内动物的躯体增大，在其他类群中骨骼开始形成。区内震旦纪地层中产有丰富的古生物化石，是开展地史早期多细胞生物起源和辐射研究的理想地区之一。

从震旦纪开始，中上扬子区沉积物由以陆源碎屑岩为主转变为碳酸盐岩为主的沉积，是地史上第一次大规模碳酸盐台地形成的重要时期,指示了气候和沉积环境的巨变。

自 1924 年李四光等人对宜昌莲沱—灯影峡剖面研究以来，经过我国几代地质学家的辛勤工作，在岩石地层、古生物及生物地层、同位素定年与年代地层、沉积岩石学与盆地演化，以及古地磁、地球化学研究等方面均取得了许多重要的成果。

宜昌－神农架地区的震旦纪地层岩性主要为海相碳酸盐岩、碳质泥岩夹磷块岩和硅质条带（或透镜体），具有保存完好、出露连续、地层界线清楚、古生物化石丰富等特点，自下而上划分为陡山沱组和灯影组。

陡山沱组是我国最重要的含磷矿层位，同时，地层中保存了丰富的微体古生物化石，主要包括浮游的大型复杂带刺疑源类、底栖多细胞藻类、微管状腔肠动物、地衣化石、动物胚胎化石、可疑的海绵和两侧对称动物化石，以及广泛分布的丝状和球状蓝菌类等。目前，陡山沱组的地质时代已经被精确地限定在 6.35 亿～5.51 亿年之间。

疑源类是具有机壁的、亲缘关系不明的微体化石类群，大小从小于 10 μm 到大于 1mm 都有，目前不能将其归为任何已知的生物门类，但它在地层年代的确定、生物地层对比等方面非常有用，特别是在元古宙和古生代地层常被用于生物地层学、古地理学和古环境学的研究。随着研究的深入和资料的积累，越来越多的证据表明，疑源类对早期生物演化具有重要意义。陡山沱组中大量出现的大型具刺疑源类（个体一般大于 100 μm）是震旦纪所特有的化石类群，它们可能是动物的休眠卵。2007 年，尹磊明等人在湖北宜昌晓峰河陡山沱组中发现大型

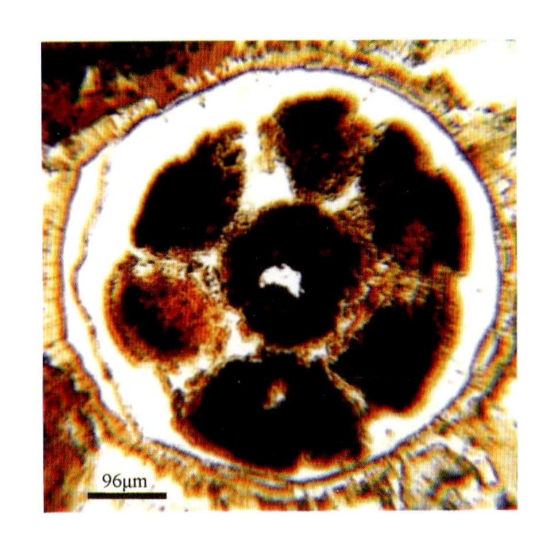

▲天柱山卵囊胞中保存有胚胎卵裂细胞（晓峰河剖面陡山沱组，据尹磊明等，2008）

具刺疑源类天柱山卵囊胞的膜壳中有1、2、4、8、16乃至数百个卵裂细胞标本，认为是在卵囊胞中保存的早期卵裂的动物胚胎，这一发现有力地论证了我国南方陡山沱组动物胚胎化石的保存并将动物化石记录推前至6.32亿年前。2010年，刘鹏举等人在陡山沱组第三段的中、下部发现了可能为后生动物的管状微体化石。最近在黄陵背斜北缘樟村坪地区的磷块岩中发现了丰富的保存精美的微体化石，这些磷酸盐化化石被认为与后生动物起源、真核生物演化有重要联系。

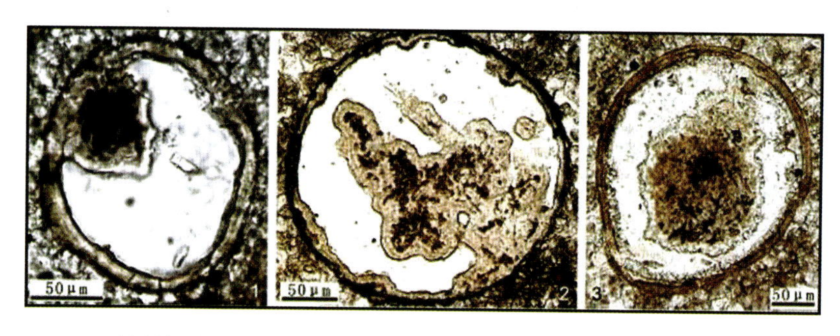

▲樟村坪埃迪卡拉纪陡山沱组磷酸盐化微体化石——大球属化石

灯影组由李四光于1924年创建的“灯影石灰岩”演变而来，创名地点在宜昌市西北20km长江南岸石牌村至南沱村的灯影峡。1963年，刘鸿允等人将灯影石灰岩改称灯影组，总体上灯影组以一套浅水环境下沉积的白云岩为主。发育平行层理、羽状交错层理、条纹或条带构造、冲刷面、栉壳、鸟眼、晶洞等构造。含丰富微古植物化石。在黄陵背斜中东部该组四分性明显，由下向上可划分命名为蛤蟆井段、石板滩段、白马沱段和天柱山段。

石板滩段产出极为丰富的藻类、遗迹化石，并在石板滩段与白马沱段过渡层位出现最早的骨骼化石（Chen et al，2008）。2018年，由中国科学院南京地质古生物研究所和美国弗吉尼亚理工大学组成的早期生命研究团队在《科学进展》报道了发现于宜昌三峡地区灯影组石板滩段灰岩（5.5亿～5.4亿年）中的足迹化

▲潮汐作用形成的双向交错层理(凹子岗)

▲三峡地区灯影组中的足迹化石由两组足迹和3条潜穴组成(据朱茂炎,2018)

石，为目前全球已知的最古老的足迹化石，该发现表明寒武纪生命大爆发之前动物的造迹行为已经具备相当高的复杂性。同年,陈翔等人报道了在石板滩段新发现的“蝌蚪状”遗迹化石，该发现说明了在震旦纪晚期已有两侧对称动物开始形成较为复杂的潜穴。

2.寒武系

寒武纪是显生宙的开始，由英国人赛德维克于1936年创建于在英国威尔士山,其时代为5.41亿～4.85亿年，在这个时期里，陆地下沉,大部陆地被海水淹没,生物群以无脊椎动物尤其是三叶虫、低等腕足类为主,植物中的红藻、绿藻等开始繁盛。

三叶虫是节肢动物门中已经灭绝的动物。它最早出现于寒武纪,至奥陶纪最盛,此后逐渐减少至灭绝,在二叠纪与三叠纪之交发生的生物大绝灭事件中消失。三叶虫的知名度仅次于恐龙，在所有的化石动物中三叶虫是种类最丰富的，至今已经确定的有9个目,1500多个种。其个体大小悬殊,从1cm～1m;大多数三叶虫是比较简单的、小的海生动物,它们在海底爬行,通过过滤泥沙来吸取营养。

▲三叶虫化石

区内寒武系的岩性自下往上由黑色薄层状碳质泥岩逐渐变为泥质灰岩、灰岩，泥质含量逐渐减少，自下而上划分为岩家河组、牛蹄塘组、石牌组、天河板组、石龙洞组、覃家庙组和娄山关组。

早寒武世早期，由于持续性的区域性地壳拉张裂陷，导致海平面快速上升，沉积了分布广泛的黑色碳质页岩、含磷质结核黑色页岩和磷块岩，该套地层富含多种金属元素，如磷、钒、钡、镍、钼、铅锌等，也是石煤的重要赋存层位，同时也是良好的烃源岩；早寒武世中—晚期沉积了巨厚的泥质灰岩、泥晶灰岩、颗粒灰岩、白云岩化灰岩，中、晚寒武世随着碳酸盐岩的不断沉积，水深逐渐变浅，发育了丰富的沉积构造和形态多样的叠层石，并在局地段首次出现石膏、石盐等盐类矿物。

牛蹄塘组黑色页岩以富含多种金属元素为特点，可称为多金属元素富集层，其中钒、镍、钼矿较为普遍，并在长阳背斜流溪－钟鼓楼一带产出两个钒、钼矿层，矿层间相距2.2m，上矿层以钼为主，下矿层以钒为主，矿层厚度和矿石品位均达到工业要求，为小型矿床。钒钼矿层之下为含磷层和含石煤层，磷矿层厚度一般为数十厘米，最厚1.5m，矿体变化较大，沿走向极不稳定。

牛蹄塘组黑色页岩分布面积广、厚度大，有机质含量高，2017年，宜昌地区寒武系牛蹄塘组探获页岩气（陈孝红等，2017），暗示宜昌地区牛蹄塘组具有巨大的页岩气资源勘探潜力。

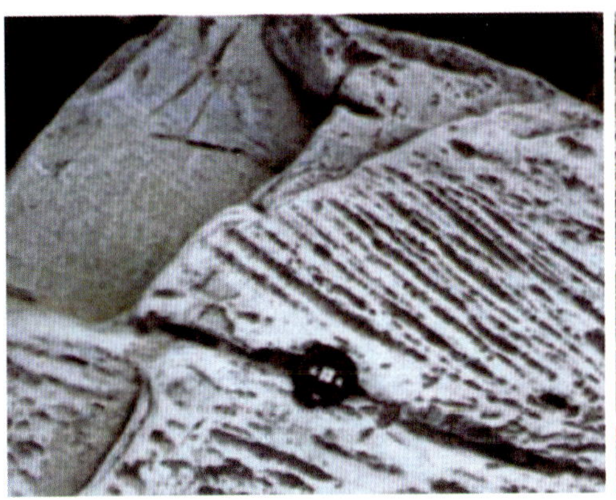

▲大型板状交错层理（娄山关组，腰河口）

▲叠层石，下部圆丘状—中部球状—上部波状

3. 奥陶系

奥陶系一名由英国地质学家拉普沃思（Lapworth）于 1879 提出，并得到了全世界的公认，在 1960 年为国际地层委员会和国际地质科学联合会正式通过，其开始于 4.88 亿年，结束于 4.43 亿年。

宜昌－神农架地区的奥陶系分布广泛。主要由浅海环境沉积的碳酸盐岩组成，由下而上划分为南津关组、分乡组、红花园组、大湾组、牯牛潭组、庙坡组、宝塔组、临湘组和五峰组。在南津关组下部发育一套由风暴浪形成的砾屑灰岩，代表一次强烈的热带风暴事件，其波及范围从长阳坛子坳，经秭归庙垭、新滩至巴东绿葱坡一带。

▲砾屑白云质灰岩——风暴岩（南津关组，秭归庙垭）

宝塔组中含有丰富的角石化石，是我国唯一一个用化石形态特征命名的岩石地层单位名称，同时还是地质历史中唯一一个具有龟裂纹构造的地层，其中龟裂纹灰岩可在大范围内进行对比，是重要的地层划分标志。

宝塔组灰岩因其具有多种多样的“龟裂纹”图案以及含有丰富的角石化石，同时岩石中普遍含有泥质成分，显示较好的韧性，容易加工成石地板、石栏杆等，是很好的建筑材料，广泛应用在大型广场和公园，对当地的经济建设具有良好的促进作用。

▲宝塔组中的直角石化石

▲宝塔组龟裂纹灰岩

六、金钉子剖面

“金钉子”一名源于美国的铁路建设历史。1869 年 5 月 10 日，美国首条横穿美洲大陆的铁路钉下了最后一颗钉子，这颗钉子用 18K 金制成，它宣告了全长 1776 英里(1 英里 =1.609 344km)的铁路胜利竣工。鉴于这条铁路的修建在美国历史上具有里程碑的意义，对美国政治、经济、文化的影响极其深远，特别是对于美国西部开发战略的实施具有举足轻重的作用。为纪念这一事件，美国在 1965 年 7 月 30 日建立了“金钉子国家历史遗址”。

▲保存在美国斯坦福大学博物馆的金钉子

“金钉子”为地质学家所借用，意指全球年代地层单位界线层型剖面和点位(英文缩写 GSSP)，并在一个特定的地点和特定的岩层序列中标出，作为划分和定义全球年代地层基本单位“阶”的底界的国际标准，确保各年代地层单位之间不会出现地层重复或缺失。符合“金钉子”标准的地层剖面必须同时具备交通便利、岩层发育良好无缺失、化石含量丰富并且分布广泛、容易识别等一系列条件。每一颗金钉子的建立都需要经过国际地层委员会下属分会、国际地层委员会讨论和表决，最后报国际地质科学联合会正式批准。每一颗金钉子均代表其所在地区、国家地层学研究成果达到了该领域的世界领先水平，所以，“金钉子”建立时总是受到世界各国的关注。2007 年 5 月 7 日，当湖北宜昌黄花场中奥陶统大坪阶揭碑时，包括国际地层委员会主席和秘书长在内的 40 多个国家 70 多位世界著名的地质古生物学家都到达现场考察和祝贺，国土资源部副部长和湖北省人民政府常务副省长也出席了揭碑仪式，并在会上做了重要讲话。

自从 1972 年泥盆系底界“金钉子”确立以来，到 2018 年，全球已建立 67 个“金钉子”剖面，其中我国已获 11 颗“金钉子”，是世界上获得金钉子最多的国家，表明我国在全球年代地层研究领域的综合实力达到了世界领先水平。

▼黄花场金钉子剖面揭碑仪式

中国大地上的11颗“金钉子”

序号	名称	界线	地点	批准时间
1	黄泥塘金钉子	奥陶系达瑞威尔阶底界	浙江常山县黄泥塘	1997
2	长兴煤山金钉子	二叠系/三叠系	浙江长兴县煤山	2001
3	花垣排碧金钉子	寒武系排碧阶底界	湖南排碧县排碧村	2003
4	蓬莱滩金钉子	二叠系吴家坪阶底界	广西来宾县蓬莱滩	2004
5	长兴煤山金钉子	二叠系长兴阶底界	浙长长兴县煤山	2006
6	王家湾金钉子	奥陶系赫南特阶底界	湖北宜昌市王家湾	2006
7	黄花场金钉子	奥陶系大坪阶底界	湖北宜昌市黄花场	2008
8	古丈金钉子	寒武系古丈阶底界	湖南古丈罗依溪	2008
9	碰冲金钉子	石炭系维宪阶底界	广西柳州碰冲村	2008
10	江山碓金钉子	寒武系江山阶底界	浙江江山县江山碓	2011
11	剑河金钉子	寒武系第三统和第五阶共同底界	贵州剑河县八郎村	2018

在宜昌夷陵区相距不到20km的范围内分布的宜昌黄花场地质剖面和王家湾地质剖面被国际地层委员会和国际地质科学联合会确定为“金钉子”，在这么小的范围内有两个“金钉子”剖面，为世界所罕见。

1.大坪阶“金钉子”——黄花场剖面

黄花场剖面位于宜昌北东22km，宜昌至兴山公路旁的黄花乡。该剖面具有长期的研究历史，自穆恩之等老一辈地层古生物学家于1979年首先报道该剖面以来，经过众多地质工作者的研究，在沉积学、地层学和古生物学等领域取得了丰富的成果，已成为我国奥陶系划分对比的典型剖面之一，在全球奥陶系划分对比中也占有重要地位。该剖面下奥陶统—中奥陶统界线上下地层连续、出露完整，构造简单，岩性为一套灰、浅灰绿色薄层状或瘤状灰岩夹黄绿色页岩组成，不仅产有丰富的牙形石动物群化石，而且还产有包括笔石、几丁虫、腕足类、三叶虫、疑源类等重要古生物化石。2004年初正式向国际地科联奥陶系地层分会提交了“中国宜昌黄花场剖面——全球中/下奥陶统界线层型的建议”，于2007年5月国际地质科学联合会正式批准和认定黄花场剖面为全球中奥陶统及奥陶系大坪阶底界界线层型剖面和点位(GSSP)，界线点位于距大湾组底界10.57m处，以三角波罗的牙形石化石的首次出现为划分和对比标志，这个在地球历史上具有全球对比意义的重要纪录距今约4.7亿年。

牙形石可能是一类已经绝灭的海生动物的骨骼或器官，其个体微

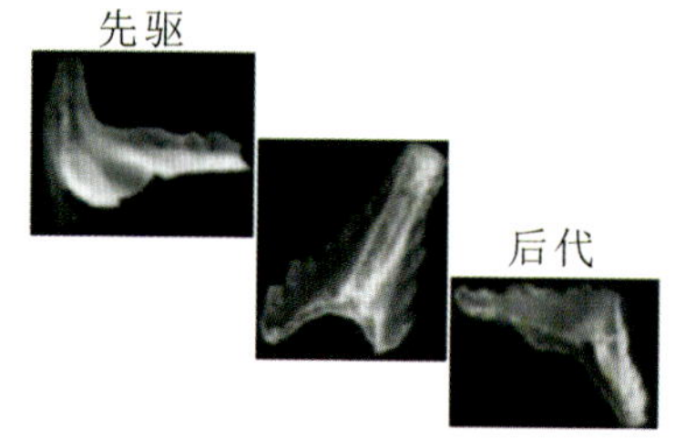

▲三角波罗的牙形石化石(李志宏提供)

▼黄花场金钉子剖面(汪啸风提供)

小，但数量众多，特征明显，演化迅速，广泛分布于世界各地的海相沉积岩中，常用于地层的划分和对比，是重要的微体古生物化石之一。最早出现于寒武纪，灭绝于三叠纪。

2.赫南特阶“金钉子”——王家湾剖面

奥陶纪末期，受南极冰盖扩张导致的气候变冷和全球海平面下降事件影响，赫南特阶地层记录了地球历史上第二大规模的生物灭绝事件，该事件以约85%的物种灭绝为特征，并在生物地层、岩石地层、沉积岩石和地球化学等方面均留下了独特的记录，显示出在地球演化历史过程中其在全球范围内的特定地位和重要价值。

王家湾剖面位于宜昌市以北42km处的王家湾村，剖面上赫南特阶发育完好，自下而上依次为五峰组、观音桥层和龙马溪组，五峰组和龙马溪组以黑色页岩、薄层状硅质页岩和硅质岩为主，而观音桥层则为泥质灰岩。以沉积序列和生物地层序列的连续完整性，尤以笔石动物化石序列特别发育为特征，同时产有腕足动物、三叶虫、头足类和放射虫、几丁虫等古生物化石。

笔石是生存于古生代的一种已经绝灭的海生浮游动物，由于它的化石形态很像保存在岩石层面上的笔迹而得名。笔石动物群进化快，迁移范围广，盛衰期分明，成为古生物学中一个重要门类，是鉴别古生代早、中期，特别是奥陶纪、志留纪及早泥盆世地层的十分重要的化石。

腕足动物是最古老的海生动物类群之一，最早出现于寒武纪，志留纪和泥盆纪达到高峰，以后便衰落下来。现代残遗的已很少。我国沿海常见的有酸酱贝和海豆芽，均为活化石。腕足化石在地层划分和确定地层时代、环境分析等方面具有重要意义，是主要的古生物化石。

自从20世纪50年代以来，武汉地质调查中心和中国科学院南京古生物地质研究所的科研人员对王家湾一带的地层古生物进行了长期的研究，曾发表过大量的研究成果。陈旭和戎嘉余研究团队将剖面上观音桥层底之下0.39m处定义为赫南特阶底界的全球界线层型剖面及点位，以异形正常笔石的首次出现层位为标志，距今约4.456亿年。该研究成果于2004年10月获得国际地层委员会奥陶系分会通过，并于2006年2月获得国际地层委员会通过，同年5月被国际地质科学联合会正式批准。

◀王家湾晚奥陶世赫南特阶的金钉子（汪啸风提供）

◀异形正常笔石（王传尚提供）

古生物化石

Gushengwu
Huashi

地球的历史长达46亿年，其中最初的7亿年被称为黑暗时代，地球从一个恶劣的完全不适合生命存在的行星演化成了一个适合孕育生命的宜居行星，目前科学家对此了解甚少。从38.5亿年到大约7亿年前，地球的生物圈基本上是一个微生物的世界，直至新元古代晚期(7亿年后)才出现后生动物，这些生物死亡后保存在地层或岩石中，即成为化石。

古生物化石是指人类史前地质历史时期形成并赋存于地层中的生物遗体和活动遗迹，包括植物、无脊椎动物、脊椎动物等，以及它们生命过程中形成的遗迹，目前已知的地球上最古老的化石是35亿年前形成的微生物化石——叠层石。化石是地球历史的见证，可以提供很多信息，如可以用来还原地质历史时期动物、植物的样子，推断出当时动、植物的生活状况和生活环境，并且还可以推断埋藏化石的地层时代，可以得出生物是如何进化和演化的。古生物化石不同于文物，不属于“考古”的范畴。我国是世界上化石类型最为齐全的少数几个国家之一。

古生物化石是揭开地球奥秘的钥匙和密电码。基于地球演化的不同时期，所出现和形成的生物类型不同，而且随着地球从老到新的发展，生物界也随之发生从低级向高级生物的进化，而这种演化和发展规律是不可逆的。因此，地质古生物学家根据生物进化的前进性和不可逆性的演化规律，结合对生物进化过程中曾经发生过的重要的生物绝灭和新生（复苏）事件的研究，就像历史学家把我国的历史划分为唐、宋、元、明、清那样，将地球的历史按生物从简单到复杂，从低级到高级的演化规律，划分为太古宇（宙）、元古宇（宙）、古生界（代）、中生界（代）和新生界（代）。在每个“宇”和“代”内又进一步划分为若干次一级的年代地层单位，如寒武纪、奥陶纪、志留纪等。

并不是地质历史中所有存在过的生物都能形成化石。化石的形成需要特殊的条件，同时，在漫长的历史长河中，很多生物早已灭绝，不为人们所知，但化石却可以证明它们曾经存在过；化石为人类认识地球和生物起源提供了最好的记录，难怪科学家们将化石视为稀世珍宝，爱护备至。

一、华南最早的叠层石

叠层石是以藻类为主的微生物在生长、代谢过程中形成的一种纹层状的生物沉积构造，因其纵剖面呈向上凸起的弧形或锥形叠层状，如扣放的一叠碗，据此，1908 年，俄国学者科尔柯乌斯基（Kalkowsky）命名了“叠层石”这一术语，用以表示一种具有微细纹理的沉积构造，并认为它是由低等植物形成的。1914 年，美国古生物学家沃尔科特（Walcott）研究认为，叠层石的形成主要是藻类活动的产物。它是蓝细菌和其他微生物发生光合作用以及光合自养微生物存在的证据，它既受生物因素影响，又受环境因素的控制；水体的深浅、能量的高低对叠层石的生长过程和形态有着重要的影响，如柱状叠层石被认为是高能条件下的产物，可形成于潮下（高能）带和潮间带。在叠层石中包含着多种信息，对其开展深入研究不仅在前寒武纪生物地层对比方面，而且叠层石作为地球历史上早期生命形式的“化石”，在研究地球历史、地球早期生命演化和沉积矿产，乃至在天文地质学等方面都具有重要意义。

通常叠层石产出于石灰岩和白云岩中，也有少量叠层石产于燧石、磷酸盐岩（胶磷矿）中，铁矿和锰矿也可见及。从世界各地叠层石统计资料来看，叠层石不会生成于泥岩或碎屑岩中，甚至含泥较多的碳酸盐岩中也没有叠层石。说明叠层石存在的地理环境必须具备无大风浪安静的浅海环境，并且没有河流，即没有泥、沙和淡水的注入。

从叠层石的出现，大约经历了20亿年的时间，即大约40%的地球历史，才使大气中的氧气含量接近20%，它为此后的生物进化扫清了大气无氧的障碍，为生命史的下一章也是更复杂的一章铺平了道路。可以说，叠层石默默工作20多亿年，是地球能够进化出复杂生命的关键。

我国叠层石研究起步于20世纪20年代，但是直到70年代，才对晚前寒武纪的叠层石进行了系统的研究，至90年代，我国学者开展了大量含矿叠层石形态学、古生物学和同位素地球化学等方面的综合研究，特别是对河北宣龙地区古元古代铁质叠层石、晋中北上寒武统含铁叠层石、贵州开阳一带震旦系陡山沱组磷质叠层石及东川元古宙铜矿化叠层石的成矿机制进行了深入剖析，初步探索了叠层石在经济地质方面的意义。

叠层石的基本构造单位叫基本层，由其进一步组成基本层组和叠层石带；基本层一般为弧形或锥形，它由明、暗纹层组成，后者富含有机质。基本层、基本层组和叠层石带分别被解释为昼夜节律、月节律和年节律。据此原理，屈原皋等人在2004年对北京周口店地区中元古界铁岭组叠层石进行研究后认为，10亿年前的中元古代晚期，一年至少有516±20天、12.9±0.5个月，一个月有40天，一天最多16.99±0.66小时。

中、新元古代是地史上叠层石最繁盛的时期，全球各大陆上均有广泛分布，如南非、印度、阿富汗、中国的蓟县和神农架等地区，都存在大量的叠层石，并且形态多样，随着地球的演化，其形态不断发生变化。研究表明，不分叉柱状叠层石开始出现于27亿～25亿年前的地层中，分叉的柱状叠层石繁盛于20亿～6.8亿年前。在后生动物出现（7亿年前）以后叠层石骤然衰落，其数量和分布范围迅速变少变小，中奥陶世以后，多为小型分叉叠层石，一般不形成大块礁体，泥盆纪以后叠层石只是残存了。现代叠层石在浅水、潮间带、潮上带和潮下带均有分布，从巴哈马海滩生长于正常海水环境中的巨型叠层石，到生长于阿拉伯海的厘米级别的叠层石都有分布，甚至在洞穴中也有叠层石的生长（王福星等，1994；戎昆方等，1998）。

▲球状叠层石

▲波状叠层石

▲柱状叠层石

神农架群中叠层石极其发育，1987年，李铨和冷坚在神农架群共发现了31个群和69个形态的叠层石。除送子园组外，从乱石沟到瓦岗溪组都发育有不同形态的叠层石，可识别出柱状、层状、波状、穹状、丘状及锥状等6种基本类型，其中部分形态可进一步细分为水平纹层状、微波状、层柱状、具连层叠锥状、不分叉柱状、分叉柱状等形态。乱石沟组、大窝坑组和石槽河组中叠层石最为发育，可形成叠层石礁体；形态也最为多样，其中乱石沟组及矿石山组中的叠层石以大型至巨型的层柱状和锥状为特征，台子组中的以锥状为主，野马河组的以穹状、锥状和柱状为主，并出现分叉柱状叠层石，温水河组则以出现较多的分叉柱状叠层石为特征，最顶部的瓦岗溪组以柱状、锥状为主。叠层石类型的垂向组合与演化规律通常表现以"波状－柱状－丘状"或"层状－穹状－锥状"的形式出现。

乱石沟组叠层石不仅丰度高，而且类型丰富，主要包括球状、波状、柱状、纹层状叠层石，还有少量层柱状、包心菜状、墙状和锥状叠层石，以及纹层不明显或者由各种叠层石组合形成的叠层石丘。其中层状、柱状及由层柱状叠层石组合形成的叠层石礁(丘)共密集出现6次。

▲神农架大圆顶叠层石(据钱迈平等，2017)

2017年，钱迈平等人在神农架群矿石山组－台子组白云岩中发现巨型叠层石，命名为神农架大圆顶叠层石，其宽度和高度通常为2～10m，长度可达数十米，它们发育在碳酸盐台地上与海侵作用有关的潮下带环境，受到海底火山活动影响，处于硅和铁－锰含量偏高的海水中。

元古宙的叠层石生长于大洋的正常海滨地带，是开放的海，而不是封闭的。根据叠层石的环境指示特性，已知叠层石所处海域没有海浪和海流，这种现象的解释是：神农架形成时期，整个大洋水体近乎于静止，没有像现今太平洋的赤道海流、黑潮、墨西哥湾流这样的海流。

二、南沱组古生物化石

大约6亿年前整个地球被冰川覆盖，地球处于“雪球地球”时期，地质学家将这个时期命名为成冰纪，国内称为南华纪。在这样极度寒冷的环境下，全球范围内生物发生了大规模的绝灭。大绝灭之后，生态环境是怎样重建、生物是怎样复苏、复苏的具体时间等是生物学和地质学的重要研究课题。

新元古代“雪球地球”假说及其对地球早期生命的影响一直是地球生物学争论的热点之一。按照“雪球地球”理论（Hoffman et al，1998；Hoffman and Schrag，2002），新元古代时期地球至少经历过两次全球性的冰川事件，每次时间持续大约数百万年，在这些冰川期，地表温度降至零下50℃，整个地球被冰雪完全覆盖，海冰厚度达到1～2km；冰川结束后，地球又进入极端温室时期，温度上升到50℃以上。“雪球地球”假说是对地球新元古代气候变化的大胆设想，它较好地解释了许多重大理论和实际地质现象，如低纬度和低海拔冰川沉积物、条带状铁矿以及“盖帽”碳酸盐岩和碳同位素负漂移等，但也受到了来自各方面的质疑，质疑的焦点就是海洋完全被冰封，还是热带海洋仍保留有开放的海域。如果地球确实完全被冰封数百万年，那么生物（尤其是真核生物）是如何延续下来的？早期生命是如何适应这种极端寒冷气候的？生物学证据能否阐释雪球时期的环境？就目前的研究成果而言，分子古生物学和已有古生物化石资料表明很多真核生物度过了这场灾难，但是这些化石记录很少且局限在微体材料方面，一直缺乏有效的宏体大化石证据。因此，对于如何评价这些冰川事件对早期生命演化的影响问题远未解决。最近，中国地质大学

（武汉）童金南研究团队在神农架宋洛地区南沱组的黑色页岩夹层中发现了大量碳质压膜化石，这些化石不仅具有宏观体积，而且部分样品表现出明显的形态分异特征，这对探讨雪球地球时期的生物面貌、环境特征，以及两者之间的关系，都将是新的重要材料。

南沱组是新元古代最大冰期时形成的，在神农架宋洛剖面，该组厚约230m，主要为灰色块状冰碛砾岩，间夹粉砂质泥岩和黑色页岩。化石产于剖面下部的黑色碳质页岩中，两个化石产出层位与剖面底部的距离分别是61.76m和72.97m，其中下部厚3～5m的黑色页岩中化石较为丰富，化石类型比较多，上部黑色页岩透镜体中化石数量少且类型单一，主要以圆盘状化石为主。

通过研究，宋洛南沱组宏体碳质压膜化石组合至少包括圆盘形或椭圆形、带状、棒状、可能的分支类型和假单轴式分支类型等5种不同形态类群。这些化石中不仅包括一

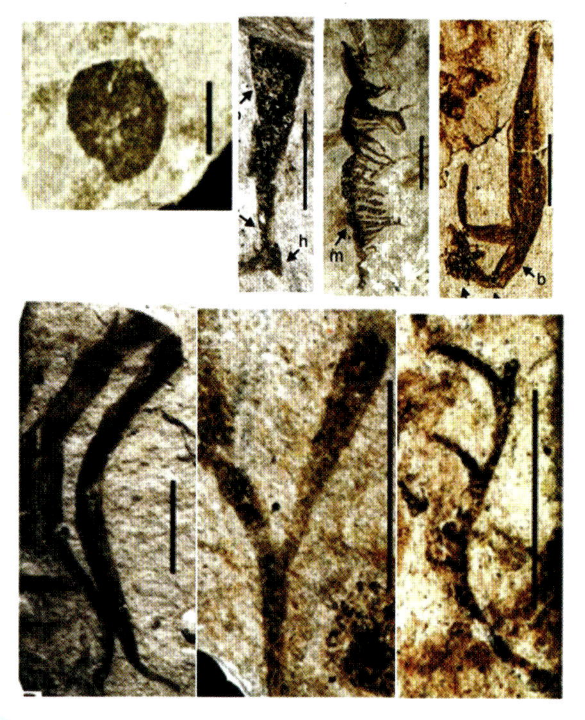

◀宋洛南沱组宏体碳质压膜化石组合典型代表（图中线段表示3mm）

些形态简单、延续时间较长的化石类型，而且也包括一些形态复杂、被解释为底栖固着生活的宏体藻类化石，2015 年，该成果发表在 *Geology* 期刊上，引起国际同行强烈反响。

新元古代冰川事件在全球范围内都留下了地质记录，持续时间之长、分布范围之广、影响程度之深在整个地质历史时期都实属罕见。1992 年，加州理工学院地质学教授柯世韦因克（Joseph L. Kirschvink）提出雪球地球（Snowball Earth）假说用来解释当时冰川分布的广泛性，该假说强调地球当时为“Hard Snowball”，即便是在靠近赤道的低纬度地区均处于被冰雪覆盖的状态，平均气温在零下 50℃左右，只有海底残留了少量液态水，光合作用停止，生态系统几乎完全崩溃。

近年来，地层学家和沉积学家通过对新元古代冰期沉积记录的研究发现，冰期沉积记录与雪球地球假说并不完全相符，如以冰碛岩为主的地层中发育冰筏沉积和流水作用形成的沉积构造。因此，2002 年，Lubick 提出泥球地球（Slushball Earth）假说，其核心内容是陆地没有被冰川完全封盖，尤其是赤道附近存在开放的水域，海洋中存在适宜生物生存的“避难所”。

南沱组黑色碳质页岩泥岩中新发现的藻类化石，明显不同于现代冰川中的微体生物具有较为广阔的生存适应范围，它们对环境条件的要求更高，不但需要较为稳定的生存空间，同时由于其纤细脆弱的须根状或球状固着器不适宜于坚硬的石质底质，可能更适于生活在泥质底质上。此外，藻类的生长、繁殖需要依赖阳光进行光合作用，因此，神农架宋洛地区新发现的宏体藻类化石材料，表明当时的生活环境是开放水域的透光带，南沱冰期华南存在适合宏体底栖藻类生存的底质和开放水域——滨岸环境，该发现为深入研究“雪球地球”提供了重要的化石证据，有力地支持了“泥球地球”假说。同时为震旦纪生态环境重建、生物复苏和复苏的具体时间，以及海洋和大气环境研究提供了重要的新材料。

三、庙河生物群

生物群是指生活在一定地区的所有生物,包括动物群及植物群。新元古代冰期结束后,震旦纪(埃迪卡拉纪)发生了多细胞真核生物的辐射。中国南方震旦纪地层产出的4个多细胞真核生物化石库,即陡山沱组沉积期以瓮安生物群为代表的磷酸盐化多细胞生物化石库、以庙河生物群和蓝田植物群为代表的页岩相宏体藻类化石库,以及灯影组沉积期以高家山生物群为代表的具有矿化骨骼的生物化石库和以三维形态保存的埃迪卡拉生物化石库,是迄今为止人们认识和了解地史早期新元古代冰期结束后多细胞真核生物演化、辐射的最重要实证。

1978年陈孟莪和马国干在秭归县庙河吊崖坡一带的黑色页岩中发现了宏体藻类化石和可能为浮游生物的印痕化石。1984年,朱为庆和陈孟莪首次对产于庙河地区陡山沱组上部的宏体藻类化石进行了命名和描述,将其中一种定为中华拟浒苔,归为绿藻类,从此,拉开了震旦纪陡山沱组沉积期宏体化石研究的序幕。从20世纪90年代初期开始,产于庙河吊崖坡剖面的化石得到了大量发掘和深入研究。1991年,陈孟莪和肖宗正在其中识别出藻类和后生动物化石共8属10种,并将其命名为庙河生物群;1994年,陈孟莪等人描述了包括后生动物在内的13属14种,进一步证实了陡山沱组沉积晚期后生植物的大分异与辐射。1996年,丁莲芳等人对该化石组合进行了系统研究,共描述了9个门类、140个属,其中有微体藻类、宏体藻类、后生动物、海绵和遗迹化石等。2002年,袁训来等人对庙河生物群宏体藻类及动物化石进行系统总结和归纳,认为以往描述的化石多数属于宏体藻类,并根据国际命名法把它们归为18个形态属，其中的大部分可能与现生的三大高级藻类(绿藻、红藻、褐藻)有着亲缘关系,属于多细胞的后生藻类植物，少部分化石的亲缘关系不明，有可能是后生动物或者是动物遗迹化石。

庙河生物群以底栖固着的宏体多细胞藻类为主体，同时包括水母类、海绵动物、可疑的遗迹化石以及其他微体化石等多门类生物为特征的宏体碳质压膜化石生物群，属于未矿化的布尔吉斯页岩型压膜化石。所谓“布尔吉斯页岩型”是指各种软躯体化石保存在细碎屑岩和页岩中，非矿化软躯体生物主要以压扁二维方式保存为碳质膜化石,细胞级生物结构一般不保存。庙河生物群化石类型多样,分异显著,代表着新元古代“雪球”冰期之后和寒武纪早期后生动物大爆发前夕地球早期多细胞生物的一次大规模的演化辐射事件。

庙河生物群中的藻类化石形态多种多样,有圆盘状或囊状、链状、管状、带状、丝状、丝束状、丛状和叉支状等，而且大部分藻类可明显分出固着器和营养体两部分，表明它们已具有器官的原始分化，其特征显示出与现生藻类极大的相似性。其中具有叉状分支的宏体藻类是“庙河生物群”的典型分子,带状棒形藻是该化石群中较具优势的属种之一。该生物群以底栖固着生物为主要特征。原来认为植物化石的分支方式只有二歧式分支，现已发现了假单轴式与单轴式分支，分支可达10次以上。

庙河生物群中保存有可能为后生动物的宏体化石证据，如多孔动物门的袋状海绵、似僧帽管和腔肠动物门的原锥虫、最早的八辐射动物化石八臂仙母虫。

▲八臂仙母虫(据唐烽等,2009)

庙河生物群是一个以底栖宏体藻类为主体的化石生物群，它与同时代的“瓮安生物群”和“蓝田植物群”构成了新元古代“雪球”事件之后中国华南地区温暖海洋中真核生物辐射的重要一幕，是“寒武纪生物大爆发”和埃迪卡拉动物辐射前夕多细胞生物演化的重要化石证据。

庙河生物群以其保存精美的埃迪卡拉纪宏体生物化石而备受关注，自从在峡东地区庙河村附近被发现以来，已有30多年历史，对其中的各门类古生物化石进行系统研究，并取得了丰富的成果。然而，长期以来，研究者习惯将所产化石层作为陡山沱组最上部的地层单元，

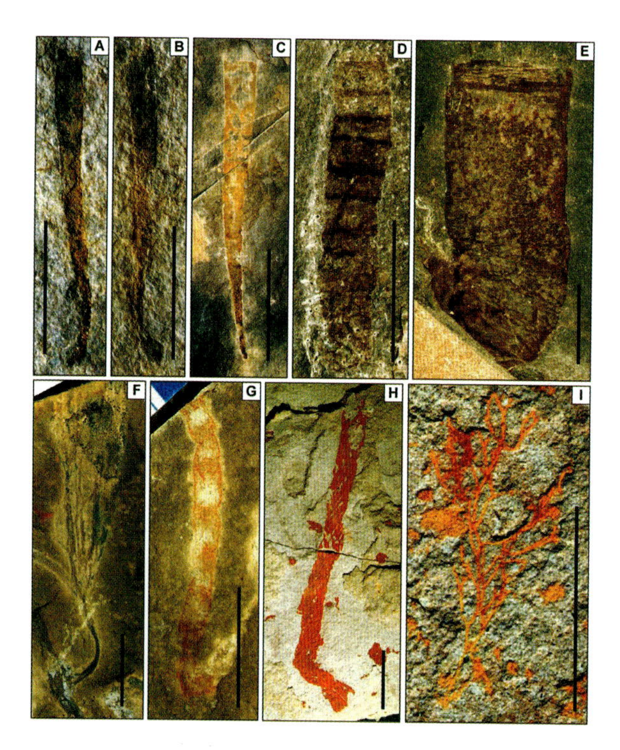

▲芝麻坪和麻溪剖面部分庙河生物群化石

A、B.带状棒形藻；C.小型原锥虫；D.环纹杯状管；E.典型震旦海绵；F.中华拟浒苔；G.简单九曲脑虫；H.缠绕柳林碛带藻；I.线状陡山沱藻；所有照片中黑色线表示1cm；A～E为芝麻坪剖面，F～I为麻溪剖面

与陡山沱组第四段对比，结果是相关的古生物化石只在其原产地庙河村一带有新发现，而在峡东其他地区与庙河村陡山沱组第四段具有相似古地理沉积环境的同层位中从未找到过相关的化石，原因一直不清楚。

2014—2015年，中国地质大学（武汉）童金南教授及其研究团队通过对黄陵地区陡山沱组和灯影组地层进行详细研究，在黄陵背斜西缘芝麻坪、麻溪等地发现多个可与庙河生物群对比的化石点，在详细的地层层序、碳同位素化学地层等研究的基础上，认为庙河生物群的赋存层位（庙河段）比陡山沱组第四段年轻，应与灯影组石板滩段下部地层相当。根据这一新认识，在神农架三里荒、莲花观等地找到了大量庙河生物群化石，从而突破了长期以来庙河生物群赋存在陡山沱组近顶部的传统观点，解决了数十年来庙河生物群不能外延的疑惑，打破了原有的地层对比划分方案，为深入研究庙河生物群、早期地质生态环境以及雪球事件之后多细胞真核生物演化等一系列科学问题提供了新的资料和研究思路。

四、岩家河生物群

在峡东黄陵背斜南翼岩家河组下部和顶部的含硅磷质结核灰岩中含有丰富的小壳化石，1984年，陈平首次对其进行了研究，并建立了上、下两个小壳化石组合带。近年来，郭俊锋等人在岩家河组中部粉砂质页岩夹层中又发现了丰富的宏体化石，其特征与寒武纪早期的“梅树村小壳动物群”有明显区别，出现了宏体动、植物化石的分子，据此，将产自岩家河组含有宏体动、植物化石和小壳化石的生物组合称为

“岩家河生物群”。

岩家河生物群的赋存层位岩家河组，主要分布在宜昌地区黄陵背斜的西南部以及长阳背斜的核部，在宜昌三斗坪岩家河和长阳合子坳一带发育良好。岩家河生物群自命名以来，在宏体化石、小壳化石、微古植物化石等方面的研究均取得一系列进展。迄今为止，岩家河生物群的主要化石门类有宏体动物、宏观藻类、小壳化石、球形化石（可能的胚胎化石）、微古植物和蓝菌类等化石，部分宏体化石显示了从震旦纪向寒武纪过渡的色彩。

“小壳化石”一名由 Matthewes 和 Missarzhevsky 于 1975 年提出，系指亲缘关系不明，具有“壳”和“微小”两项共同特征的前寒武纪末期至寒武纪早期地层中产出的化石。它包括了寒武纪纽芬兰世早期地层中所产出的多数具有硬骨骼的带壳生物类群，如软舌螺类、具腔骨片类、软体动物、海绵骨针、原始腕足动物以及大量分类位置不明的离散骨片，其中部分类型与后生生物有着密切的亲缘关系。因此小壳化石对分析寒武纪生命大爆发的过程、研究后生动物的起源以及生物地层划分对比等有着非常重要的意义，尤其在寒武系纽芬兰统的区域和洲际对比以及第二阶全球界线层型的确定方面具有重要意义。

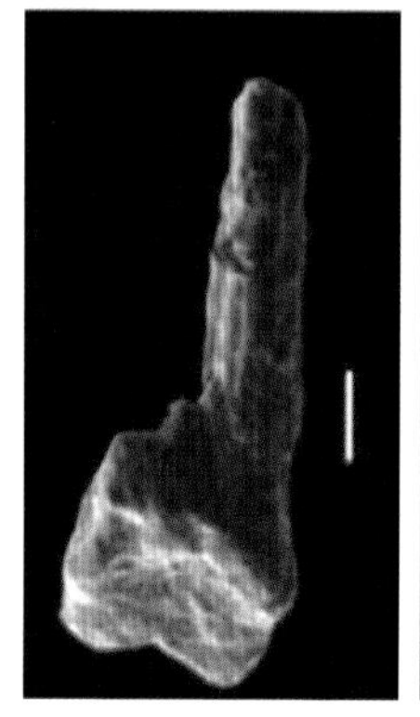
心形盘织金壳

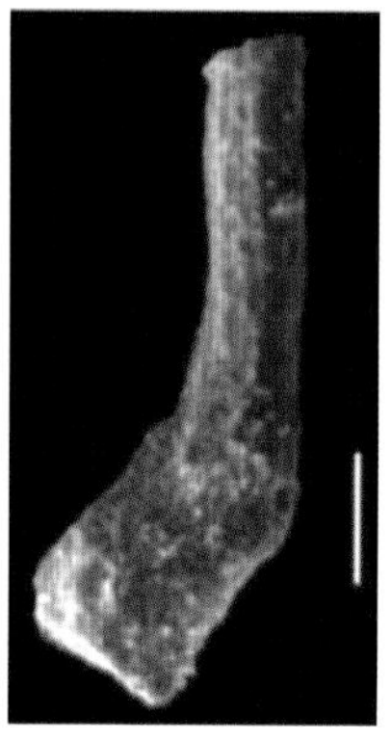
提琴盘织金壳

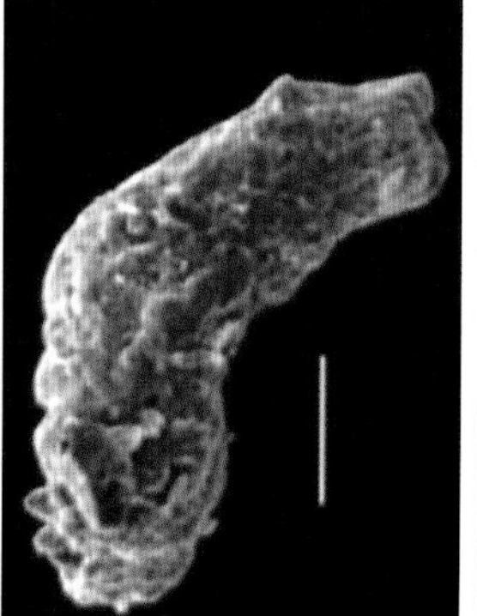
角状裂螺

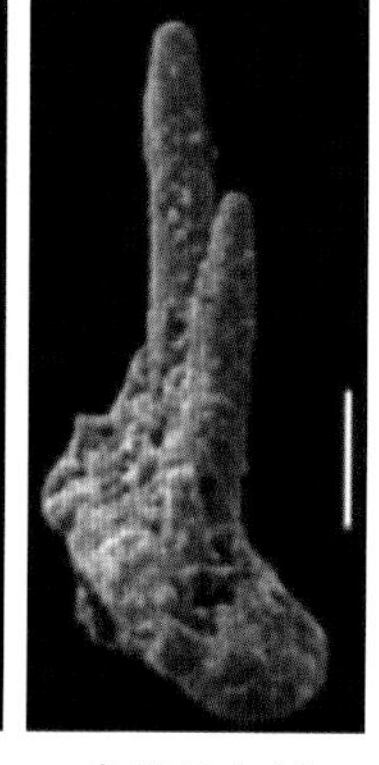
贵州织金刺

▲岩家河组小壳化石（图中线段表示 50μm）（据潘时妹等，2018）

宏体动物以小岩家河虫属和锥管状动物化石原锥虫属为代表，同时还见有海绵骨针和管状微体化石。原锥虫属以碳质压膜或黄铁矿化方式保存，平面形态为平滑圆锥管状，锥体长4～26mm，口端直径宽1～7mm（郭俊锋等，2009）；锥体始端平直或略有弯曲，锥体表面光滑，无或有微弱横纹，没有保存内部构造，其特征与庙河生物群中的小型原锥虫相似。该生物对研究震旦纪—寒武纪早期锥管状化石演化具有十分重要的意义。

▲原锥虫（据郭俊锋等，2017）

小岩家河虫属为岩家河生物群中一类奇特的疑难化石，常以碳质压膜方式保存，部分可见强烈黄铁矿化。它可分为茎部、萼部（部分具腕部）。茎部具密集的横向环纹、中央具一脊状突起；萼部具立体保存放射纹。其在形态特征、大小及结构上可大致与棘皮动物的某些类别对比，对研究棘皮动物的起源和演化可能提供了极其宝贵的化石资料。

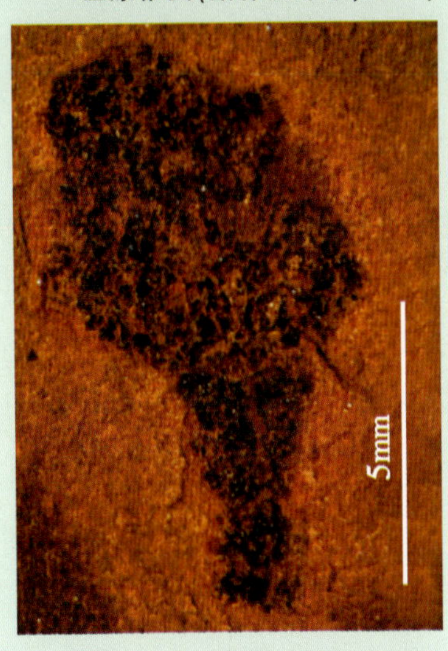

▲小岩家河虫（据郭俊锋等，2017）

岩家河生物群中的宏观藻类化石常以碳质压膜方式保存，表现为带状、丝状、丝束状、丛状和叉支状

◀中华细丝藻(据郭俊锋等，2017)

等，带有庙河生物群的色彩，同时与澄江生物群可能也有一定的联系，预示着宏体藻类在经历了震旦纪陡山沱期繁盛，灯影期衰退后，在寒武纪中期梅树村期再次进入快速发展期，这为研究宏体藻类的辐射、演化提供了化石依据。

寒武纪生命大爆发经历了爆发的前奏—序幕—主幕3个阶段(Shu，2008)，前奏发生在“寒武前夜”(即震旦纪)，以震旦纪生物为代表，序幕发生在寒武纪初期，以小壳化石的首次辐射为代表（梅树村化石群），主幕发生在寒武纪早期，以澄江化石群为代表。岩家河生物群处于震旦纪—寒武纪过渡期，包含丰富的宏体动、植物化石，带有浓厚的寒武纪大爆发前奏和主幕之间的过渡色彩，填补了寒武纪早期小壳化石层位宏体动、植物化石缺乏的这一中间环节，它是揭示寒武纪早期生物演化机制的珍贵材料。该生物群宏体后生动物、宏观藻类、小壳化石、球形类、微古植物和蓝菌类等化石的共生现象及化石保存类型的多样性，对揭示寒武纪早期多种生物门类起源和整个海洋生态群落，提供了可靠的化石依据。因此，对岩家河生物群生物多样性和埋藏学进行综合研究，对探索“寒武纪生命大爆发”主幕前夕生物的辐射、演化模式和埋藏机制，揭示震旦纪至寒武纪生命大爆发时期生物的演化关系提供了一个希望的桥梁。

五、南漳－远安动物群

南漳－远安动物群以产丰富的海生爬行动物为特征。所谓海生爬行动物就是陆生爬行动物向水生二次适应辐射的产物，是营海洋生活的爬行动物的统称。已有的研究成果表明，爬行动物是统治陆地时间最长的动物，其主宰地球的中生代也是整个地球生物史上最引人注目的时代，那个时代，爬行动物不仅是陆地上的绝对统治者，还统治着海洋和天空，地球上没有任何一类其他生物有过如此辉煌的历史。

1959年，王恭睦先生首次报道了产自湖北省南漳县下三叠统中的海生爬行动物化石，并命名了孙氏南漳龙，时代定为早三叠世早期。1965年，杨钟健将采自远安县望城岗嘉陵江组的一块化石定名为远安贵州龙。1972年，杨钟健和董枝明将产自南漳白鹤船和松树沟嘉陵江组的化石定名为湖北汉江蜥和南漳湖北鳄；之后，调查研究工作没有取得显著进展，直到2002年，李锦玲等人对化石点进行了实地调查，认为南漳、远安地区由孙氏南漳龙、南漳湖北鳄、湖北汉江蜥和远安贵州龙形成的海生爬行动物组合，除孙氏南漳龙外都产在嘉陵江组，是上扬子地区海生爬行类化石产出的最低层位，地质时代为早三叠世奥伦尼克期，生存时代早于其他海生爬行动物组合；2011年，程龙和陈孝红等首次将远安—南漳一带产出的海生爬行动物化石所代表的动物群命名为“远安动物群”；2013—2015年，陈孝红等人识别出3个湖北鳄类新种和鱼龙类。2015年，程龙等人研究认为，南漳、远安地区的海生爬行动物在古地理上应属于同一生物群落，据此，提出了“南漳－远安动物群”这一名称，2016年，赵灿等人进一步将其定义为“分布于湖北远安鹰子山—南漳古井一带下三叠统嘉陵江组上部以湖北鳄类化石为主，伴生有鳍龙类、鱼龙类等的海生爬行动物”。2018年，邓爱云和程龙对该动物群进行了系统报道。已有研究表明，该动物群是继华南早三叠世巢湖动物群、中三叠世盘县-罗平动物群、兴义动物群和晚三叠世关岭生物群之后又一个以海生爬行动物为特色的三叠纪生物群。

该化石群中的海生爬行动物化石分布密集、埋藏浅、类型丰富，其完好程度令很多专家感到惊叹，主要包括湖北鳄类、始鳍龙类、鱼龙类，未发现诸如鱼类和瓣鳃类等其他宏体化石。2010年“南漳湖北鳄”和“孙氏南漳龙”双双被列为国家一级重点保护古生物化石。

湖北鳄类为中国特有的海生爬行动物类型，是南漳-远安动物群中最为常见的海生爬行动物类型，包括4属5种，分别为南漳湖北鳄、孙氏南漳龙、远安南漳龙、鹰子山远安龙和细长似湖北鳄。

▲湖北鳄

为迄今发现的最大个体的湖北鳄类，体长超过2m

▲孙氏南漳龙

▲细长似湖北鳄

该类动物个体大小悬殊，小者如孙氏南漳龙全长小于0.5m，大者如细长似湖北鳄全长近2m，为湖北鳄类中体型最大的动物。有人研究认为该类动物可能以快速冲向猎物捕食或是吞食小型浮游生物的方式生存，在食物链中属于其他大型脊椎动物的捕食对象。

2003年，李酉兴将采自远安县鹰子山的爬行动物化石定名为鹰子山远安龙，它具有似肉鳍鱼类的运动器官背鳍，又有爬行类的肢（鳍足），显示爬行动物演化中的过渡类型。

▲三峡欧龙

始鳍龙类主要包括幻龙科、湖北汉江蜥和远安贵州龙3个类型，其数量较多。该类化石在贵州、云南两省交界地区的中三叠世安尼期盘县－罗平动物群和拉丁期兴义动物群中也有大量产出。幻龙通常生活于浅海环境，具有锋利的尖锥状牙齿，犬齿发育，完整个体长达3m左右，推测其采用主动捕获其他脊椎动物的方式生存。汉江蜥和远安贵州龙体长均小于0.5m，具有较强游泳能力。但是由于体型弱小，无法围

▲湖北汉江蜥

捕其他大型脊椎动物，而可能捕食其他脊椎动物幼年个体或尸体腐肉。

鱼龙类属于海洋适应特化最为成功的海生爬行动物类型，广泛生活于中生代海洋中。目前，在南漳－远安动物群中鱼龙类仅发现张家湾巢湖龙，其个体长约1m，骨骼特征保留有部分陆生爬行动物特点，属于较为原始的鱼龙类，但是体型已经高度海洋特化，采用鳗鱼式游泳方式，主要以远安贵州龙和湖北鳄类等小型动物为捕食对象。

2015年，程龙等人在产出化石的地层中发现了少量牙形石化石、藻纹层和菌藻类成岩过程中形成的皱纹构造，说明有牙形动物与海生爬行动物共生，菌藻类大量繁盛。已有证据表明菌藻类繁盛，有利于海生爬行动物等大型脊椎动物的保存，与盘县－罗平动物群和兴义动物群化石保存方式较为一致。

南漳－远安动物化石主要产于嘉陵江组第三段上部厚约30m的

▲张家湾巢湖龙

▲皱纹构造

纹层状灰岩中，层位稳定，时代为早三叠世奥伦尼克期，正好处在早三叠世生物复苏和中三叠世生物辐射的关键节点，也是海生爬行动物起源和早期演化的重要阶段，它记录了生物复苏的过程，是连接早三叠世与晚三叠世的生物演化的桥梁，对研究二叠纪生物大灭绝后三叠纪生物复苏及三叠纪海生爬行动物的起源与演化等，具有十分重要的科学价值。同时，南漳－远安动物群部分化石的结构特征为解决爬行动物是如何从陆地向海洋过渡的这一科学问题提供了重要信息。

我国华南地区已发现的三叠纪海生爬行动物包括南漳－远安动物群、巢湖动物群、盘县－罗平动物群、兴义动物群和关岭生物群，化石门类齐全，属种丰富，为研究三叠纪海生爬行动物各个类群的起源、演化和绝灭以及海洋环境的变迁提供了丰富的古生物材料。

2013 年，南漳县被命名为“全国重点保护古生物化石集中产地”。2005 年，建立南漳水镜湖省级地质公园，并在巡检镇设立了化石群自然保护区。2014 年,国家级重点保护古生物化石集中产地——远安落星村化石保护站正式揭牌成立,对化石集中产地就地进行保护,将张家湾一带古生物化石产地建成以古生物为依托的“中国化石第一村”。南漳 -远安动物群已成为当地的一张文化名片,对当地的旅游规划和经济建设起到了积极的促进作用。

特殊沉积岩与地质事件

Teshu Chenjiyan
Yu Dizhi Shijian

沉积岩是在地表条件下由风化作用、生物作用和火山作用的产物经水、空气和冰川等外力的搬运、沉积和成岩固结而形成的岩石。地壳表面沉积岩约占大陆面积的75%，洋底几乎全部被沉积物覆盖。沉积岩中蕴藏着大量的沉积矿产，如煤、石油、天然气、页岩气、盐类等，而且铁、锰、铝、铜、铅、锌等矿产中沉积类型的也占有很大的比重。因此，研究沉积岩，对发展地质科学理论和找矿工作具有重要意义。

地质事件是指地质历史时期稀有的、突然发生的、在短暂时间内完成而且影响范围广大的自然现象，由其形成的岩石与正常条件下形成的岩石明显不同，通常具有特殊的成分、结构构造以及产状、空间分布特征，能为事件研究提供丰富的信息。

一、冰碛岩与雪球事件

在新元古中期，即南华纪（国外称成冰纪）出现的全球性冰期事件一直是人们关注的焦点，目前普遍认为存在 4 次较明显的冰期，依次为凯噶斯（Kaigas）冰期、斯图特（Sturtian）冰期、马利诺（Marinoan）冰期和噶斯奇厄斯嘎（Gaskiers）冰期，其中处于 6.50 亿～6.35 亿年的马利诺冰期分布范围最为广泛，在华南地区，南沱组就是该期冰川活动的产物。

冰碛岩一名最早由苏联学者在 1906 年提出，其全称为冰碛砾泥岩，它是由冰川搬运、沉积形成的岩石。宜昌–神农架地区产出有两套冰碛岩组成的地层，下部的冰碛岩地层称为古城组，厚度小，分布范围局限于长阳古城村一带，上部的冰碛岩地层称为南沱组，分布范围广，在整个扬子陆块区均有分布。这两套冰碛岩所代表的冰期与澳大利亚板块上发育的斯图特和马利诺两次冰期基本上可以对比。

冰碛岩是地球上独特而又稀有的岩石之一，其色泽为灰褐或暗褐，质量重，性坚而具韧性，内夹杂有砂、砾石。由于形成年代久远，冰碛岩亦被称作“长寿石”“吉祥石”。

宜昌地区的南沱组由灰绿色块状冰碛砾岩、含砾砂泥岩、砂质泥砾岩组成。以砾、泥、砂混合堆积为特点。其中砾石大小不等，时见中砾和巨砾，成分较复杂，常见有白云岩、石英岩、硅质岩、花岗岩及变质岩等。表面具“丁”字形擦痕、刻痕、压扁凹坑，并普遍具厚约 0.5cm 铁锰质外壳。神农架地区南沱组下部为灰绿色块状冰碛砾岩、中厚层状砂泥岩；中部为灰绿色、淡紫色冰碛含砾泥砂岩夹灰绿色纹层状砂泥岩，偶见薄层状或透镜状泥晶白云岩，在宋洛一带夹黑色碳质页岩，其中产丰富的宏体藻类化石，砂质泥岩中发育纹层状、波状和条带状构造；

上部为灰绿色块状冰碛含砾砂泥岩。砾石成分为花岗岩、白云岩、硅质岩、板岩、辉绿岩等，大小混杂，砾径2～51cm，呈次棱角状、次浑圆状，砾间被砂、泥质充填。

上述冰碛岩的最大特点，一是不同大小的砾石毫无分选地混杂在一起，与正常流水环境中形成的岩石明显不同，岩石呈块状而不显层理；二是砾石大小相差悬殊，以棱角状、次棱角状为主，局部地段以次圆状、圆状为主；三是砾石分布疏密不均，多呈漂浮状，砾石形态多样；四是砾石成分复杂，有近源的，也有远源的；五是冰碛砾石的表面具有擦痕、刻痕和撞痕，它们是在冰川运动过程中，由于砾石之间或砾石与基岩相互摩擦、刻画和冲撞所产生的。

南沱组厚度变化较大。在南部鹤峰走马坪一带厚270m，长阳古城、佑溪一带厚51～103m，兴山水月寺、白果园等地厚0～3.4m，殷家坪附近消失。在神农架地区以高桥河为中心，本组厚394.9m，往南西至木鱼—宋洛一线厚度达200m，往北东至武山一带厚度不超过10m。

▲南沱组砾、砂、泥混杂堆积（莲沱）

▲南沱组，砾石呈棱角状（莲沱）

▲砾石表面发育多组平行擦痕（宋洛）

推测殷家坪和武山北东部地区当时可能为冰川剥蚀区。

据古地磁资料，我国南方在南沱组形成时期古纬度变化范围为7°～34°，峡东南沱组形成时的古纬度为北纬19.3°，表明当时该区处于低纬度的大陆冰川气候环境，峡东地区南沱组形成年龄为6.54亿～6.35亿年，与马利诺冰期（6.50亿～6.35亿年）相对应。

新元古代冰川事件持续时间之长、分布范围之广、影响程度之深在整个地质历史时期都实属罕见。1998年，Hoffman等人提出的雪球模型强调地球当时处于一个所谓“Hard Snowball（硬壳地球）”，即地球表面处于完全被冰雪覆盖的状态。平均气温为零下50℃左右，生态系统几乎完全崩溃。也有学者认为当时的地球很可能是气候温和的，提出了泥泞地球（Slushball）假说，并认为在低纬度地区存在没有被冰川覆盖的区域，并为真核生物度过极端时期提供了场所。

神农架宋洛地区南沱组发育多种沉积类型，其中冰筏沉积的含砾砂泥岩、发育落石构造的层状杂砾岩、正常海相沉积的含宏体藻类化石碳质页岩、发育粒序层和斜层理的含砾砂岩等，表明当时古海洋是一个开放体系，并没有彻底被冰川覆盖，并且存在多期的冰进－冰退旋回。因此，南沱组的沉积特征有力地支持了“Slushball”模型，当时的地球并非是“Hard Snowball”。

▲冰筏沉积[落石引起的层理变形扰动（红色箭头处）（宋洛）]

▲层状杂砾岩中广泛发育落石构造（宋洛）

二、盖帽白云岩与天然气渗漏事件

“盖帽白云岩”是指沉积于南沱组冰碛岩之上，陡山沱组底部由灰色、浅灰色薄层—厚层状泥晶白云石组成的地层，因其直接覆盖在南沱组冰碛岩之上，形似“帽子”而得名，在世界各地同时期地层中均有产出，具有区域可比性。盖帽白云岩处于南沱冰期之后、震旦纪多细胞生物繁盛期（如庙河生物群）之前的重要过渡时期，科学家们认为它可以作为研究生物演化、环境变化的重要对象，因此，对盖帽碳酸盐岩的研究一直是地球科学研究的热点之一。

盖帽白云岩与其他地质时期碳酸盐岩相比，它具有如下的特殊性质：①近于同时的全球性分布和均一的厚度（多为1～10m），与冰碛岩直接接触，界线截然；②绝大部分为泥晶或细晶白云岩，偶尔发育粒序层和丘状隆起，表明沉积于较深水环境；③大多数情况下，盖帽白云岩与上覆地层（灰岩、泥岩、硅质岩）间岩性变化截然，在岩性转换面附近出现重晶石；④具有显著的碳同位素负

▲盖幅白云岩
（盖帽云岩厚约0.4m，宋洛）

异常($\delta^{13}C \leqslant -5‰$);⑤发育特殊的沉积构造，如帐篷构造、栉壳状构造、玛瑙纹状构造、层状平顶晶洞、层状裂隙、丘状隆起和管状构造，这些构造被认为是地球环境从“冰室”到“温室”的快速转变过程中形成的。

宜昌-神农架地区的盖帽白云岩位于陡山沱组底部，岩性主要为浅灰色厚—中层状泥晶白云岩夹泥晶白云质灰岩，其上的岩层中含较多硅磷质结构和团块的白云岩，向上燧石层逐渐增多。长阳王子石、佑溪等地发育帐篷构造、层状裂隙、平顶晶洞、重晶石结晶扇等特殊构造；秭归青林口厚2.25m，九龙湾厚3.2m，庙河厚2.6～35m，田家园子厚1.8m，长阳背斜周缘常厚约1～2m。神农架下谷坪厚1.2m，宋洛厚度小于1m。

已有研究表明，峡东地区的盖帽白云岩记录有极低碳同位素值($\delta^{13}C < -40‰$)，其沉积的起始年龄为6.35亿年。

▲九龙湾盖帽白云岩(厚3.2m)

▲盖帽白云岩中的小型帐篷构造(上陆家台)

目前，对盖帽白云岩的成因认识主要有“雪球地球”“分层海洋上升流”和“甲烷渗漏”等假说。“雪球地球”假说认为盖帽碳酸盐岩的形成是由于“雪球地球”期间切断了大气与海洋的物质交换，来自于地幔的二氧化碳在冰雪覆盖的海洋中积累，一旦冰盖破裂，大量二氧化碳排放到大气圈，足以使地球表面的气候由极端的“冰室”转变为极端的“温室”。

“甲烷渗漏”假说是由Kennedy等人于2001年提出的。该假说认为，在寒冷的冰期甲烷、二氧化碳等以水合物的形式在海底和冻土中存储下来，在冰期末，火山活动或其他因素可能引发水合物分解释放出甲烷、二氧化碳等，导致大气圈中的温室气体急剧增多，最终引起全球变暖，导致大规模冰川消融和水合物进一步分解释放。在海水温度升高、碳酸盐溶解度降低的条件下，则形成了盖帽碳酸盐岩。盖帽白云岩中发育的帐篷构造、管状构造、重晶石结晶扇等，以及显著的碳同位素($\delta^{13}C$)负异常有力地支持了“甲烷渗漏”假说。已有大量证据表明，在第四纪、古新世与始新世之交、早白垩世、早－中侏罗世之交以及二叠纪与三叠纪之交可能发生过大规模的“甲烷渗漏”事件，这些事件不仅改变了全球气候与海洋化学条件，还导致了生物圈的灾变。

2003年，蒋干清等人首次报道了三峡地区盖帽白云岩存在极低碳同位素值($\delta^{13}C$为$-41‰$)，随后王家生等人于2005年在秭归九龙湾

扇形重晶石晶簇▶
(长阳向家湾，据王家生等，2012)

和长阳王子石等地的相同层位中获得了极低碳同位素值（$\delta^{13}C$ 为 $-48‰$）；2012 年，王家生等人在峡东“盖帽白云岩”层中发现了大量的玫瑰花状、扇形重晶石晶体，其形貌十分类似于现代海底甲烷渗漏环境中的重晶石特征，指示其形成很可能为甲烷渗漏环境。

有关新元古代晚期甲烷事件的研究中仍有许多问题需要验证。如：证明甲烷释放的其他地球化学证据、甲烷最初释放的时间和诱因、大洋缺氧的时限及其他证据、盖帽碳酸盐岩的等时性、盖帽碳酸盐岩以上地层中生物演化过程的详细记录等。华南保存了世界上最好的盖帽白云岩，因而是解决上述问题的关键地区之一。

三、葡萄状白云岩与古喀斯特作用

葡萄状白云岩是一种具有特殊构造的白云岩，其外观形态就像一颗颗的“葡萄”堆叠在一起形成厚度不等的层状地质体，从侧面看则像一层层的“花边”，因此，有学者称其为葡萄花边状白云岩，在 20 世纪 80 年代就开始受到地质学家的关注。该类白云岩几乎在江汉盆地以西的整个上扬子地区的灯影组中都有分布，可以进行区域对比。

宜昌－神农架地区的葡萄状白云岩主要产于灯影组石板滩段上部，为区域性的标志层，它可与叠层状、纹层状白云岩等互层，顺地层产出，也可在层间或穿层的溶蚀孔洞和缝隙中产出。层面上，葡萄体大小不一，直径大者 8～10cm，小者不到 1mm，最大可达 30cm，其形态与大小主要受控于核心（基底）的形态及生长空间的特征。葡萄体一般发育数层到十几层皮壳层，单层皮壳厚薄不一，一般为 0.5～3mm，最厚可

▲葡萄状白云岩(凹子岗)

▲玛瑙纹构造(凹子岗)

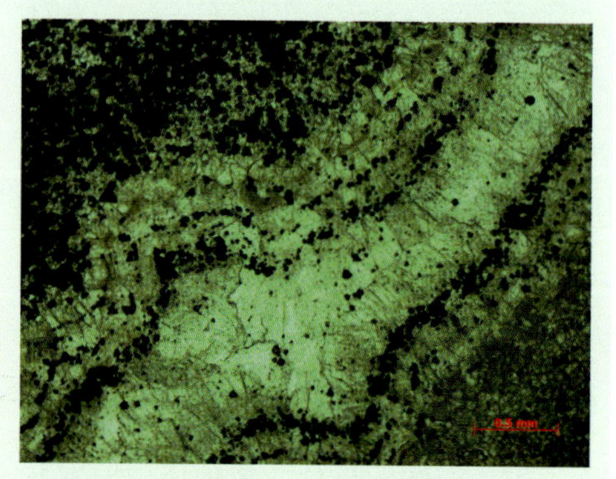

▲纤柱状-粒状亮晶白云石组成的皮壳

达1cm,颜色可以为灰色、浅灰色、深灰色、黑灰色,或者几种不同颜色的纹层以不规则的韵律出现,形成独特的玛瑙纹构造。通常情况下,早期生长的皮壳层颜色较深、晚期颜色较浅,形成内深外浅的颜色组合特征,浅色层由纤柱状-粒状亮晶白云石组成,内含少许有机质,晶体紧密平行排列,呈放射状或晶簇状垂直层纹生长;暗色层具致密的泥晶结构和纤状结构,富含有机质。

葡萄体的内部结构复杂、形态不一,既可见放射状皮壳层与平行纹层并存,也可以单独出现,空间上并无明显规律可循。其产状具有3个特征:①穿层性,有的葡萄状白云岩平行于岩层面,有的斜切岩层面;②对称性,即孔洞中充填的白云石多沿着孔洞边缘向中心生长;③重力效应,在孔洞顶部的白云石具有悬垂型胶结物,类似于石钟乳的生长特征。受生长面凸起不平的影响,葡萄体的形态以较规则的半球状为主。

葡萄体的中心可见3种类型：①富含有机质的暗色白云石集合体；②干净明亮的白云石晶体充填物；③无充填物的溶蚀空洞。

研究认为，葡萄状白云岩的成因是由于海平面下降，早期形成的藻纹层白云岩暴露于大气之中，当大气淡水（如雨水）对其进行淋滤时，富含藻纹层和叠层石构造的泥晶白云岩遭受溶蚀，同时部分藻类物质经细菌腐解而进入溶液，随水向下迁移，另一部分未被溶解物质残留原地。由于压力的减小和二氧化碳的放出，一些碳酸盐和有机质物质达到过饱和状态，再次沿层面和裂隙沉淀出来，沉淀时以碎屑或晶体或气泡等为中心逐渐向外生长，形成葡萄状白云岩。由于气候的季节性变化，藻纹层白云岩经受大气淡水淋滤的难易程度也随时间而变化，早期溶蚀强烈，水体有机质含量较多，晚期含量较少，导致葡萄体内层的颜色较深，向外逐渐变浅。因此，葡萄状白云岩是一个重要的暴露标志，能够指示喀斯特作用的存在。同时说明灯影组中期曾存在过区域性隆升剥蚀和古喀斯特作用。

葡萄状白云岩经常与富含藻类的白云岩如叠层石、核形石等共生，这些富藻的白云岩是非常好的烃源岩。葡萄状白云岩中普遍发育洞穴、溶缝、溶孔、晶间孔等多种类型的储集空间，是很重要的储集岩，加上后期大气淡水的淋滤、沟通，有利于油气的运移和储集。已有的研究表明，葡萄状白云岩不仅有助于深入探讨灯影组储集层成因和演化及灯影组白云岩的成因，而且对于震旦系中的油气勘探具有极为重要的意义，是指导震旦系油气勘探向遭受剥蚀的古隆起区域进军的重要依据。

此外，在自然环境下能否直接沉淀形成白云石一直是地学界争论的热点。葡萄状白云岩中通常具有多个时代完全不同的白云石，表明白云石可以形成于不同的环境，对其进行深入研究，有可能为白云石的成因机制提供重要的信息。

四、龟裂纹灰岩与角石世界

“龟裂纹灰岩”指的是发育于我国南方，主要是扬子陆块宝塔组中的一套石灰岩地层，因其中的多边形网纹构造恰似龟背上的网纹，故有“龟裂纹灰岩”之称（王钰，1945）；1929年，丁文江在西南地区进行地质调查时，发现宝塔组灰岩层面的纹路形状类似马蹄印痕，斑驳纷呈，将其命名为“马蹄纹灰岩”。对这种特殊的龟裂纹构造，民间习惯称之为“龙鳞石”（如陕西汉中），将产出这种岩石的地方命名为“龙山”。

▼龟裂纹灰岩层面特征

在46亿年的地质历史上，“龟裂纹灰岩”仅见于宝塔组中，其他时代的地层中均无此特点，该层位同时富含有保存完整、大小不等的直角石化石，因而也有学者将其称为“直角石灰岩”。分布范围北起陕南，南至湘西黔东北地区，东达鄂东，西到川中，面积达50万～60万km^2，均呈面状分布，厚30～70m，个别地段仅厚10～20m，可谓是晚奥陶世沉积的标志层。

“龟裂纹”主要产于单层厚度在

龟裂纹灰岩
横断面特征▶

10～30cm的岩层中。在层面上的形态、规模大小可分为3种类型：一为略显规则状、等边的多边形，每个边的边长约15～20cm，呈弯曲状，略显等边、等距的特征，因而网纹较宽大，但总体形态与龟背上的裂纹相似；二为不规则的网纹，规模较小，边长均小于10cm，在层面上呈现挤压变形密集的皱纹特点，极似鸡冠花的花瓣；三为弯曲的条带状，延伸较长，可达40～50cm以上，宽约2～4cm，呈平行状分布，细观每个条带均具有规则的、约10cm等距的弯曲度，颇似生物活动的遗迹。在网纹的横截面上，宽度相对均匀，与干裂收缩形成纹“V”字形干裂纹明显有别。网纹多被泥质、粉砂质充填，也可被沥青、轻质油所充填。

20世纪中期，“龟裂纹”被认为是形成于强烈蒸发的潮坪上，即沉积物半暴露于海水面以上，随着水分不断蒸发，发生失水收缩形成干裂，颇似“泥裂”。至80年代，刘特民和陈学时、姬再良等人认为“龟裂纹”的宏观形态特征和微观特征均不能用“干缩龟裂”来解释，盛莘夫和姬再良认为是一种典型的水下胶体收缩纹，即呈凝胶体的沉积物沉积之后，在盐度适中、胶体脱水收缩作用下，垂直层面形成了胶体收缩裂纹；2000年，周传明和薛耀松研究认为这种构造是在早期成岩阶段形成的准同生变形构造，形成于正常浪基面之下，风暴浪基面之上水深约50～150m的陆棚或台盆环境。2001年，许效松等人研究认为龟裂纹极可能是未知的、能与角石相抗衡的大型软体生物为了逃避凶猛角石的嗜杀和袭击，生活在软底上留下的活动遗迹。2018年，黄乐清等人研究认为大规模的龟裂纹灰岩受控于构造活动，可能经历了成岩早期的胶体凝缩作用与弱固结－固结期的泄水排压充填、改造作用。

迄今已提出的成因假说有：①沉积物暴露地表所发生的干裂；②水下凝缩纹；③水下胶缩纹；④虫迹；⑤水下沉积物收缩纹；⑥沉积－成岩构造；⑦构造－成岩作用的产物；⑧多种因素共同作用的结果。关于宝塔组龟裂纹的成因，直至现在，除了这种网纹构造并非潮间带干裂纹成因已取得共识外，其他成因解释仍未取得一致意见。总的来说，龟裂纹的形成条件和机理目前还

▼龟裂纹灰岩的角石化石

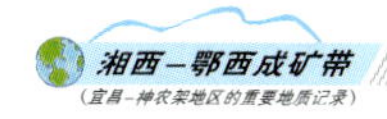

是一个争论不休的科学问题。

在鄂西地区，宝塔组中含有丰富的头足类角石化石。角石的个体大小不等，大者长 2m 以上、小的也在 10cm 以上，个体保存完整、密集成层分布。古生物学家认为角石属于个体大而且凶猛的肉食动物（汪啸风等，1987），是乌贼的祖先，遇到猎物会和乌贼一样向前喷出水柱，借助回流轻易猎杀成群的鱼类和其他动物。因而，在晚奥陶世角石统治了海洋世界，是名符其实“角石王国”。角石为游泳生物，其体形大小与水体深度成正比，活动水域深度一般在 100～150m 之间（周铭魁等，1987）。角石死亡后平卧在沉积物的顶面，之后被具悬浮的钙质、泥质沉积覆盖，表明当时海域为静水、沉积缓慢的低能环境。

角石是奥陶纪海洋中分布最广的头足类，直至侏罗纪仍广泛分布于海洋中；古新世至中新世海洋中仍有分布，但已显示出无壳化的进化趋势。现存的鹦鹉螺即为角石动物的后裔。

角石具有坚硬的外壳，形状像

▼角石及其生存环境复原图

牛或羊的角，一般是直的，也可以是弯的或盘卷的。角石从开始发育到最终长成，壳的直径逐渐变大，肉体生长时不断前移并分泌钙质壳。壳的外表不一定都是光滑的，许多种类壳的表面发育有不同的纹饰，如结节、瘤、横纹、竖纹等。

▲盘卷的角石

我国角石化石资源非常丰富，最具代表性的化石为震旦角石，又称“中华角石”，宜昌是“震旦角石”发现和保存最好的著名产地，1994年发现的长162cm的震旦角石化石为我国最大的古代无脊椎动物化石。震旦角石具有坚硬的外壳，外形呈圆锥形，一头尖，一头粗，壳体或直或盘卷，长可达2m以上，多数在几十厘米至1m之间。壳体表面有二三十节环状圈纹突起，犹似竹笋，将它倒置犹如一座宝塔，故民间称其为“宝塔石”“竹笋石”“镇邪石”，常作为贵重礼品馈赠亲友，寓意消灾祛邪和事业、生意兴旺发达。

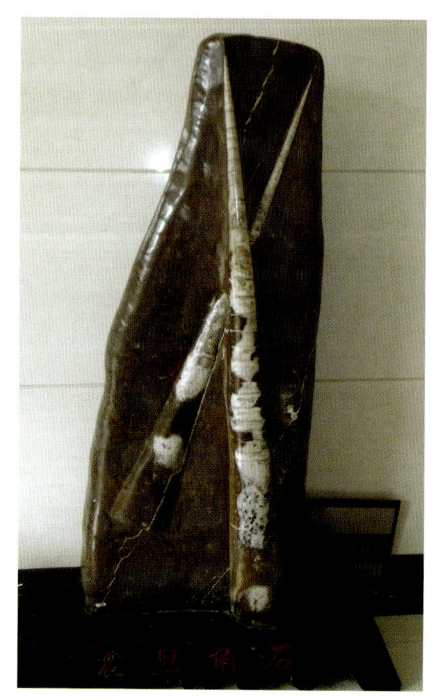

▲震旦角石

震旦角石具有较高的学术价值，备受国内外学术界的青睐，因此，它是集观赏、收藏、科普和古生物研究为一体的稀世珍品。

岩浆岩

Yanjiangyan

岩浆岩又称火成岩，是由岩浆喷出地表或侵入地壳冷却凝固所形成的岩石，有明显的矿物晶体颗粒或气孔，约占地壳总体积的65%，总质量的95%。岩浆的形成、流动、聚集及冷凝成岩的全部过程，称为岩浆作用。按矿物成分、结构构造等特征可以将岩浆岩划分为不同的种类，目前在地球上已经发现700多种岩浆岩，常见的岩浆岩有花岗岩、安山岩、玄武岩等。岩浆侵入在地壳一定深度经缓慢冷却结晶而形成的岩石，称为侵入岩，其矿物颗粒粗大，晶体形态完整；岩浆喷出或者溢流到地表，冷凝形成的岩石称为喷出岩或称为火山岩，由于冷凝过程很快，矿物来不及结晶或只能形成很小的晶体，甚至形成没有晶体颗粒的玻璃。宜昌－神农架地区岩浆活动主要发生在南华纪之前，以侵入岩为主，代表性岩体为黄陵花岗岩基；火山岩分布极少，主要见于中元古代神农架群，崆岭群中也有火山岩分布，但均已变质，只能依靠化学成分及残余的结构构造进行原岩恢复。

在宜昌太平溪、邓村一带出露一套强烈变形变质超镁铁－镁铁质岩，2010年，彭松伯等人研究后认为，它是一套混杂堆积的古大洋蛇绿岩残片，代表残留的古大洋壳，形成时代约为10亿年，为中元古代洋盆消亡和罗迪尼亚超大陆碰撞聚合的产物。

区内侵入岩无论从活动的时间还是规模上都是花岗岩类占主体，活动的时间主要在中太古代—新元古代。早期的侵入岩体经历了强烈变形变质作用，已属于变质岩的范畴。显生宙以来区内基本无岩浆活动。

一、黄陵花岗岩

花岗岩(狭义)被定义为由石英(含量 >20%，按体积计算)和长石(碱性长石大于斜长石)组成的深成岩。但是,地质学家常常将特征与狭义花岗岩类似的深成岩称为花岗质岩石或花岗岩类，也就是广义花岗岩。因此,花岗岩是深成岩的一个大类,包括花岗闪长岩、二长花岗岩、正长花岗岩、英云闪长岩等岩石,它是大陆地壳的基本物质组成，与大陆的生长密切相关。同时,花岗质岩石也与我们的社会生活息息相关，如：国民经济建设所需要的许多矿产资源与花岗岩类有关，花岗质岩石本身也是上好的建筑石料，在工程建筑和房屋装修方面扮演了重要角色，宜昌地区花岗岩石材储量达1100 万 m^3,远景储量达 12 亿 m^3。花岗岩体还常常形成各种奇特的地貌景观,是旅游的极佳场所。

黄陵花岗岩基位于宜昌三斗坪、黄陵庙、晓峰、茅坪、中坝等地,大地构造上位于扬子陆块的北缘,出露面积约 970km^2,是我国新元古代(晋宁期)花岗岩的典型代表,代表扬子陆块北缘一次重要的岩浆事件。其北部和西部侵入太古宙崆岭群，东部和南部被莲沱组沉积不整合覆盖。

所谓岩基,是指规模很大(面积大于 100km^2)的侵入体。黄陵花岗岩基的主体岩性为斑状黑云母斜长花岗岩，西南部的茅坪和三斗坪一带为黑云母闪长花岗岩和黑云母角闪石英闪长岩，在黄陵庙附近为黑云母花岗闪长岩。举世瞩目的三峡工程就修建在三斗坪岩体上。

黄陵花岗岩中岩脉或岩株相当发育,类型多,变化大。按岩石组成可分出花岗岩类、伟晶岩类、斜闪煌斑岩类、辉绿岩类以及石英脉、绿帘石－石英细脉等。花岗岩类岩脉

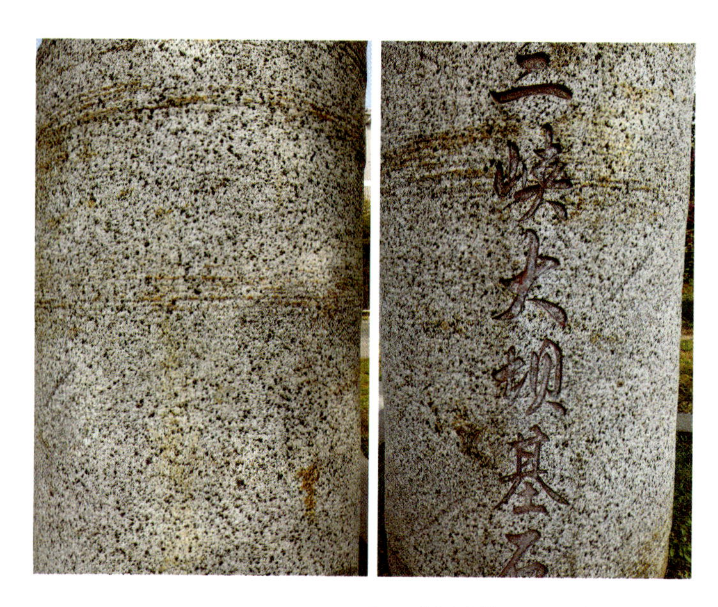

▲三斗坪岩体——三峡大坝基石

（株）包括细粒黑云母奥长花岗岩、中细粒黑云母花岗闪长岩、中细粒黑云母二长花岗岩、花岗闪长斑岩和花岗伟晶岩等不同岩性。

三斗坪和黄陵庙两岩体的定位深度为15.5～16.5km。三斗坪岩体的源岩主要是新太古代大陆拉斑玄武岩，大老岭和晓峰岩体则是在本区地壳迅速隆起过程中分别在5km和小于1.5km深度的脆性构造环境中形成的；大老岭岩体的源岩可能为早前寒武纪火山岩。

黄陵花岗岩的形成时代前人做过大量研究，积累了丰富的年龄数据。2002年，李志昌等人获得太平溪英云闪长岩和黄陵庙花岗闪长岩的形成年龄分别是8.33亿年和8.19亿年，大老岭石英二长花岗岩的年龄为7.86亿年，脉岩侵入年龄从花岗闪长斑岩的8.13亿年开始，到7.7亿年的辉绿岩和7.72亿年的石英脉；2006年，凌文黎等人认为三斗坪岩体和大老岭岩体基本同时形成于7.95亿年；2009年，高维和张传恒获得黄陵花岗岩体的平均年龄为8.37亿年，同时获得莲沱组顶部层凝灰岩的年龄为7.24亿年。2004年,曾雯等人获得黄陵地区基性岩墙群的年龄为7.72亿年,据此认为,黄陵花岗岩形成于8.33亿～7.70亿年之间。进一步的研究认为,黄陵花岗岩是在地壳伸展的构造环境中，地幔上涌导致下地壳物质发生重熔并往上部运移，侵位于太古宇—古元古界的变质结晶基底中的岩浆作用的产物，它可能与扬子陆块北侧的“秦岭洋”向南俯冲造成的大陆边缘造山运动有一定关系。

二、球状花岗闪长岩

球状岩是指具有球状构造的岩石,因其独特的结构构造、形态、形成机理及稀有性而备受关注。自Von Buch于1802年发现并命名以来，目前全球报道的球状岩只有100余处,且以花岗质球状岩为主,闪长质球状岩次之,其他成分的球状岩少见。球状岩因其漂亮而独特的结构及较好的观赏性，被视为一种地质珍品。对其进行精细研究,有助于揭示其地质演化历史。目前,在国内公开报道的球状岩有浙江石

▼不同类型的球状体

角超镁铁质球状岩石、河北滦平球状闪长岩。2015年，魏运许等人在宜昌黄陵地区开展区域地质调查时发现新类型球状岩——球状花岗闪长岩，为中国球状岩增添了新的成员和研究基地。

新发现的球状花岗闪长岩体位于湖北省宜昌市雾渡河镇境内，产于斑状花岗闪长岩与石英闪长岩的接触部位，呈东西向带状展布，断续延伸约30m，宽约5m，面积不足150m^2。

球状花岗闪长岩体可分主岩、球状体和基质三部分。主岩是指不含球状体的部分，又称围岩，岩性为花岗闪长岩。球状体由球核及壳层组成，多呈圆形、椭圆形及不规则状，分布不均匀，大小不一，直径为5～12cm，多集中于5～8cm，球状体之间的距离变化不等，一般小于1cm，次为2～3cm。按壳层数的多少，可分为单层、多层和不显壳层的球状体；球核可为晶洞、单矿物晶体或变质岩，球核与皮壳之间通常发育由内向外的放射状构造，类似于喀斯特溶洞穴中的栉壳状构造。基质是指球体之间的部分，其成分主要为中细粒花岗闪长岩。

▲单壳层球状体特征

▲多壳层结构球状体特征

对于黄陵球状花岗闪长岩而言，单壳层球状体及无明显壳层的球状体生长模式和成因可能相对简单：单壳层球状体从球核—壳层—基质，岩性从浅色闪长岩—石英闪长岩—花岗闪长岩，斜长石含量呈下降趋势，石英、钾长石、黑云母含量逐渐增高，反映由中心到基质，酸性程度不断增加，球状体内部矿物呈放射状生长，反映球状体核心部位优先结晶生长，即由内向外生长，表明球状体的形成与岩浆结晶作用有关。

▲变质岩球核

多壳层球状体的成因极其复杂，其壳层具有明显的矿物成分与矿物结构韵律特征，即：自暗色层到浅色层，矿物粒度明显变细；核部的石英颗粒发育 H_2O、CO_2 的气液相或气相包裹体，反映当时为一种富含气液的岩浆；内核富含钠、硅、铝等元素，而边部壳层的铁、镁元素含量较高；球核含有后生黑云母、绿泥石、绿帘石及方解石等，反映后期发生过交代作用。

尽管前人对球状岩石的形成条件及形成过程做了大量研究工作，但对其形成机理尚存不同观点：一种认为是由两岩体接触带上特定的“构造陷阱”中结晶形成；另一种认为是岩浆同化捕虏体和岩浆结晶综合作用形成。

与国内外典型的球状岩进行对比，黄陵球状花岗闪长岩中的球状构造类型更多样，其成因也相对复杂，球状体的形成更具多样性。

变质岩

Bianzhiyan

变质岩是指先前已存在的岩石受到物理、化学条件变化的影响，改变其结构、构造和矿物成分而成的新类型岩石，导致岩石发生变化的地质作用称变质作用。通常将岩浆岩和沉积岩经变质作用形成的岩石分别称为正变质岩和副变质岩。根据变质作用的特点可以将变质岩划分为区域变质岩类、热接触变质岩类、接触交代变质岩类、动力变质岩类、气液变质岩类等。在每一大类变质岩中可按矿物组成、结构构造、新生矿物等特征作进一步划分。

宜昌－神农架地区的变质岩主分布于黄陵背斜核部，按其形成机制，可分为区域变质岩、混合岩、动力变质岩及接触变质岩等类型。以区域变质岩为主，混合岩次之，其他变质岩分布零星。

一、区域变质岩

区域变质岩是由区域变质作用所形成的岩石，而区域变质作用是指在大范围内由多种因素(温度、压力、流体等)综合引起的复杂变质作用，常与构造运动相伴发生，区域变质岩的主要特点，一是岩石重结晶明显，二是岩石具有一定的结构和构造，特别是在一定压力下矿物重结晶形成的片理构造。区域变质岩常见岩石类型的基本名称主要是依据其结构构造和矿物组成特征而命名。主要有板岩类、片岩类、片麻岩类、粒岩类、石英岩类、大理岩类、钙硅酸盐岩类和角闪质岩类。

▲片麻状构造(东冲河片麻岩)

▲大理岩(好汉坡黄凉河组)

▲方解透闪岩(好汉坡黄凉河组)

二、混合岩

混合岩是指由混合岩化作用形成的岩石。所谓混合岩化作用是在区域变质作用基础上，地壳内部温度升高产生的深部热液和局部熔融形成的岩浆渗透、交代围岩的一种变质作用，它是一种介于变质作用和典型的岩浆作用之间的地质作用的总称。混合岩由基体和脉体两个部分组成。基体是先前已存在的变质岩，脉体是混合作用过程中形成的物质,代表混合岩中的新生部分。在崆岭群中混合岩十分发育，尤其

▼红色条带状混合岩(深灰色条带属野马洞组)

是以钾长花岗岩化为代表的混合岩化现象十分普遍，其产物以肉红色钾长花岗质－二长花岗质脉体为主，野外以岩脉或岩墙产出，或呈浸染状产出，脉宽由厘米级到数米不等。沿高岚向水月寺、野马洞方向混合岩化作用程度有加强趋势。钾长花岗质混合岩因具脉体图案美观，颜色鲜艳常作建筑石材和园林装饰材料；在露头尺度上可以见到混合岩切穿早期岩石的片麻理或强烈交代早期片麻岩的现象，因此其形成时代较晚。2006年，赵风清等人获得水月寺镇西约1.5km公路边钾长花岗质片麻岩的年龄为18亿年左右。根据混合岩基体、脉体比例、脉体成分及对区域变质岩改造程度和混合岩组构，可分为混合岩化片麻岩、注入混合岩、混合片麻岩。

矿产资源

Kuangchan Ziyuan

矿产资源是由成矿作用形成的赋存于地下或出露于地表，有开发利用价值的固态、液态或气态矿物或有用元素的集合体，它属于不可再生资源，其储量是有限的。目前世界已知的矿产有160多种，其中80多种应用较广泛。按其特点和用途，通常分为4类：能源矿产11种；金属矿产59种；非金属矿产92种；水气矿产6种。

在宜昌－神农架地区，矿产资源十分丰富。金属矿产主要有金、银、铜、铅、锌、钒、钼、锰、铁、汞；非金属矿产主要有黄铁矿、磷、煤、石墨、水晶、重晶石、石榴石、矽线石、透辉石、高岭土、白云岩、石灰岩、石英砂岩、花岗岩石材等。其中，部分矿种的规模在国内名列前茅，或为区内的特有矿种，区域特色明显。如：宜昌磷矿列全国八大磷矿区第一位，是湖北省内富磷矿石主要产区；石墨矿是中南地区唯一的鳞片石墨矿，在全国五大鳞片石墨矿中品位居第一位，储量居第三位；宜昌白果园银钒矿为本区特有的矿床类型；玻璃用石英砂岩矿为全国四大优质矿之一；水泥用灰岩在全省占有重要位置；以宜昌市石材为原料生产的三峡红、西陵红、三峡浪等饰面石材是全国知名的品牌。

近年来，在宜昌、兴山、保康等地，页岩气勘查也取得了重大突破，显示区内页岩气资源潜力巨大。

一、金矿

金矿是指可供工业开发利用的含黄金的矿物集合体；金矿床则是经成矿作用形成的具有一定规模的可工业利用的金矿。地球上99%以上的黄金存留在地核中，金在地壳中的丰度很低，只有铁的一千万分之一，银的二十一分之一，金的这种分布是地球长期演化过程中形成的。金要形成工业矿床，需要富集上千倍，要形成大矿、富矿，则要富集几千、几万倍，甚至更高。一般认为，规模巨大的金矿一般要经历相当长的地质时期，通过多种来源、地质构造演化和多次成矿作用叠加才可能形成。从金矿中提炼出来黄金，它是人类使用历史最长、并对社会产生重大影响的金属，素以“金属之王”著称。它那耀眼夺目的光泽和无与伦比的物理化学特性，有着神奇的永恒的魅力。

全球主要产金国有南非、美国、澳大利亚、俄罗斯、加拿大、中国。不过，近百年来世界黄金生产格局也有一些变化，特别是美国、非洲黄金产量下降的同时，南美的秘鲁、阿根廷以及东南亚的黄金产量在显著增加。

我国是世界黄金生产大国，截至2016年已查明的黄金资源储量达1.21万t，居世界第二位；除上海外，各省市区都有金矿分布，主要矿床和产地分布在山东、河南、贵州、黑龙江、陕西、广西、云南、辽宁、河北、新

▲产于石英脉中的自然金(×50)

疆、四川、甘肃、内蒙古、青海、安徽等省区。湖北省金矿主要分布在鄂东南、鄂东北、鄂西北以及鄂西黄陵地区。

宜昌地区金矿集中分布于黄陵背斜核部崆岭群变质岩和黄陵花岗岩中，以矿（化）点和小型矿床为主。在黄陵背斜核部区，已发现板仓河、马滑沟、拐子沟3个小型金矿床，65个金矿（化）点。金主要以自然金（明金）产于石英脉和蚀变岩中。所谓蚀变岩是指在不同成分、不同温度的溶液作用下，原岩的矿物成分和化学成分，甚至结构、构造发生改变而新形成的一类岩石。

▲含金黄铁矿化、方铅矿化石英脉

金矿体主要呈透镜状，以马滑沟、板仓河矿区最为明显。透镜体的大小相差悬殊，大者2～3m，小者数厘米，沿走向或沿倾向均出现尖灭再现或尖灭侧现的展布特点。

二、铜矿

铜是一种紫红色金属，它是国民经济建设中相当重要的金属原材料之一。它以导电、导热、抗张、耐磨、易铸造、机械性能好，与铅、锌、镍、锡等金属易制成合金等性能，被广泛地应用于电气、机械制造、运输、建筑、电子信息、能源、军事等领域。一般认为，铜的消费和用途的多少，往往反映一个国家工业化程度的高低，随着电子工业、高新技术的发展，人类对铜的需求还将逐步增长。

铜在地壳中的含量只有十万分之七，可是在四千多年前人类就使用了铜，这是因为铜矿床所在的地表往往存在一些纯度达 99% 以上的紫红色自然铜(又叫红铜)。它质软,延展性好,稍加敲打即可加工成工具和生活用品。

铜是人类使用最早的金属之一，它的广泛使用标志着人类文明进入了一个新的时代。目前世界上最早的冶炼铜发现于中国陕西姜寨遗址,其出土的公元前 4700 年前冶炼黄铜片及黄铜圆环为世界上最古老的冶炼黄铜，标志着人类初步掌握了金属冶炼技术，为青铜时代的到来打下了基础。而位于中亚的美索不达米亚出土的公元前 4000 年的冶炼青铜器，是世界上第一个已知的最早掌握青铜冶炼技术的文明，标志着人类踏入了青铜时代的门槛。

自然界中的铜,多数以化合物即铜矿石存在。目前已发现的含铜矿物有 280 多种，主要的只有 16 种,即自然铜、黄铜矿、斑铜矿、辉铜矿、铜蓝、方黄铜矿、黝铜矿、砷黝铜矿、硫砷铜矿、赤铜矿、黑铜矿、孔雀石、蓝铜矿、硅孔雀石、水胆矾、氯铜矿。我国生产的铜主要取自黄铜矿,其次是辉铜矿、斑铜矿和孔雀石。

世界的铜资源分布广泛，遍及五大洲，有 150 多个国家都有铜矿资源，其中铜储量较多的国家有智利、美国、波兰、赞比亚,俄罗斯、扎伊尔、秘鲁、加拿大、澳大利亚、哈萨

黄铜矿

斑铜矿

辉铜矿

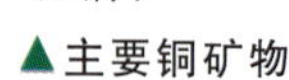
▲主要铜矿物

克斯坦、印度尼西亚、菲律宾和中国等。智利是目前铜矿最丰富的国家，其储量约占世界铜储量的三分之一，产量、出口量亦居世界第一位。

铜矿是影响我国国家资源安全和经济发展的紧缺矿种之一。我国铜矿资源分布很不均匀，除天津以外，所有省（区、市）都有不同程度的分布，但主要分布在西南三江、长江中下游、东南沿海、秦（岭）祁（连山）昆（仑山）成矿带以及辽（宁）吉（林）黑（龙江）东部。

我国铜矿资源虽然较为丰富，但是多为中小型矿床（小于50万t），大型（大于50万t）、特大型矿床少，贫矿多富矿少，伴生矿多单一矿少。目前，我国铜的产量一直满足不了社会经济建设的需求，缺口较大，这种现状可能将长期存在。

在宜昌–神农架地区，目前发现的铜矿规模一般较小，主要集中分布在神农架背斜核部、荆当盆地周缘，黄陵背斜周缘有零星铜矿（化）点。神农架地区有小型铜矿床2处，矿（化）点27处，主要含矿地层为神农架群乱石沟组和石槽河组。

神农架地区的铜矿（点）床大多与紫红色岩系形影相随，并明显受浅（灰）紫（红）色交互带的控制。矿体一般赋存在邻近紫色层或紫红色层内所夹的浅色泥晶–粉晶白云岩之中。如关门山—石板沟—铜厂垭一带的铜矿直接产于邻近浅灰绿色与紫色交互界面的浅灰色中厚层状含粉砂泥晶白云岩之中，宋洛双箭孔铜矿也是如此，其含矿层之下发育有近百米厚的紫红色叠层石白云岩和紫红色含粉砂泥晶白云岩，这是岩性控矿的典型实例，与云南东川铜矿、滇中砂岩型铜矿、赞比亚铜矿的宏观特征十分相似。

神农架地区的铜矿体多呈似层状、扁豆状和脉状产出，矿石多为星点状、网状、浸染状构造，矿石类型为含铜白云岩型、含铜石英脉型。有用矿物组分主要为黄铜矿、斑铜矿、辉铜矿、孔雀石等，前三者为铜的硫化物，而孔雀石一般产于近地表氧化带，主要成分为碱式碳酸铜[$Cu_2(OH)_2CO_3$]，因其色彩酷似孔雀羽毛上斑点的绿色而获得如此美丽的名字，它多呈块状、钟乳状、皮壳状及同心条带状，它既是提炼铜的原料，还是一种古老的玉料，用孔雀石制成的绿色颜料称为石绿，又叫石录。孔雀石常产于地表，易于发现，它是寻找原生铜矿的一个重要标志。

▲脉状铜矿

黄铜矿呈脉状产于石英脉中

▲孔雀石

三、铅锌矿

铅锌矿是富含铅和锌元素的矿石。由于铅、锌具有相似的地球化学行为，自然界里二者常常形影相伴，共生在一起。铅、锌广泛用于电气、机械、军事、冶金、化学和医药业等领域。此外，铅金属在核工业、石油工业等部门也有较多的用途。

铅是人类从铅锌矿石中提炼出来的较早的金属之一。中华民族的祖先对铅锌矿的开采、冶炼和利用曾做出过重要贡献，中国是最早发明炼锌的国家。

我国铅锌矿产资源分布广，储量超过 800 万 t 的省区依次为云南、内蒙古、甘肃、广东、湖南、广西。但是我国铅锌矿的特点是贫矿多，

方铅矿

红色闪锌矿

黑色闪锌矿

▲铅锌矿特征

富矿和易选矿少。在自然界铅锌矿产出位置较为复杂，其矿物形态多种多样，除了用于提取铅、锌金属外，还具有较好的观赏、收藏价值。

早在晚清至民国初年鄂西地区就发现了铅锌矿，如在神农架地区就保存有民间采矿遗址，但是多年来铅锌矿找矿工作没有取得显著突破。2000年以来，在新的找矿理论指导下，鄂西地区铅锌找矿工作取得重要进展，先后发现了冰洞山大型铅锌矿床和凹子岗中型锌矿床，以及一大批铅锌矿点，使鄂西成为湖北省重要的铅锌矿产地。

宜昌－神农架地区铅锌矿赋存层位多，但主要为陡山沱组、灯影组、娄山关组和南津关组。区内铅锌矿床在空间分布上具有成片和成群集中的特点，据此可以将铅锌矿划分为青峰断裂带南缘、神农架背斜周缘、黄陵背斜周缘、长阳背斜周缘等4个铅锌矿集中区。典型矿床有冰洞山铅锌矿床和凹子岗锌矿床。

冰洞山铅锌矿是鄂西地区第一个大型铅锌矿床。矿体产于陡山沱组四段的白云岩层中，严格受层位和岩性控制，矿体呈层状顺层产出，产状平缓，与围岩一致。赋矿围岩为深灰色厚层状粉细晶白云岩，矿体顶、底板为黑色薄层状碳质泥岩夹黑色薄层状硅质岩，铅锌矿石与围岩界线明显，呈不规则状，显示贯入充填的特点。

▲含矿层为深灰色厚层状粉细晶白云岩

▲矿石与围岩呈突变接触

矿石构造主要为块状构造、角砾状构造、脉状构造和浸染状构造，显微镜下可见草莓状闪锌矿。矿石结构以他形—半自形粒状结构为主，其次为矛状结构、草莓状结构、交代结构和碎裂结构等。

▲块状构造

凹子岗锌矿位于黄陵背斜的北东翼。矿区内已发现3个锌矿化层位，主矿体产于灯影组石板滩段中

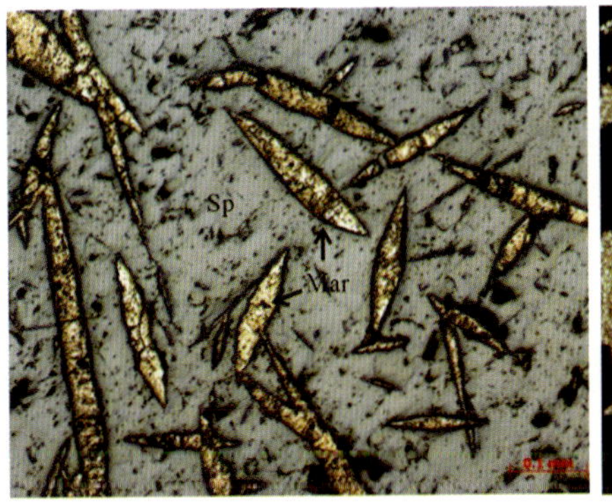

▲矛状结构

矛状黄铁矿分布于闪锌矿中

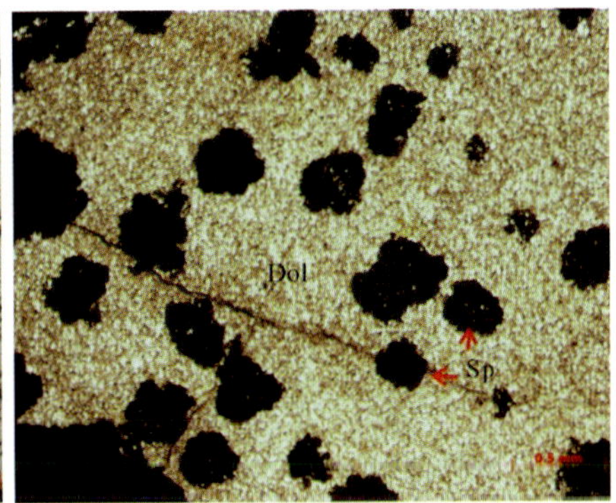

▲草莓状结构

闪锌矿呈草莓状分布于白云岩中

上部，顺层展布。矿体长度大于1300m，厚度变化于6.45～17.75m之间，平均厚度8.46m。矿体呈层状，沿走向连续性好，矿化较为稳定，但矿体底板起伏不平。锌含量变化在2.39%～45.93%之间，平均为6.27%。

金属矿物以闪锌矿为主，偶见黄铁矿、方铅矿。矿石构造复杂多样，但以角砾状构造、栉壳状构造最醒目。总体上显示岩溶构造的特点，其特征与前文中所述的葡萄状白云岩有许多相似之处，暗示在成矿之前该区可能发育有岩溶洞、缝、孔隙等，为后期成矿热流的聚集和矿床的形成提供了赋存空间。

▲角砾状构造

▲栉壳状构造

四、银钒矿

银和黄金一样，是一种应用历史悠久的贵金属,至今已有4000多年的历史。中国是世界上发现和开采利用银矿最早的国家之一，据甘肃玉门火烧沟遗址中出土的耳环、鼻环等银质饰品考证，早在新石器时代的晚期，中国古代劳动人民就认识银矿,并且采集、提炼白银,加工制作饰物。

在自然界,银常以自然银、硫化物、硫盐等形式存在,也能与硒和碲形成硒化物和碲化物，其次是赋存于自然金、铜矿、闪锌矿等矿物中。因此在铅锌矿、铜矿、金矿开采冶炼过程中往往也可回收银。银矿物或含银矿物有200多种，但作为白银生产的主要矿物有自然银、银金矿、辉银矿、深红银矿、角银矿、脆银矿、锑银矿、硒银矿、碲银矿、硫锑铜银矿。

全球银矿资源储量巨大，分布广泛,主要集中在北美洲、南美洲、欧洲、亚洲和澳大利亚，遍及全球50多个国家,其中,秘鲁的储量居世界首位。中国银矿遍及30个省(区、市),但主要分布在大兴安岭、太行－燕辽、东秦岭、东南沿海、西南三江等地,以共伴生银矿为主,独立银矿比较少。重要的独立银矿和共伴生银矿有广东凡口铅锌银矿、河南破山银矿(桐柏银矿)、辽宁高家堡子银矿、陕西银硐子银铅多金属矿(陕西银矿)、吉林山门银矿,江西银露岭铅锌银矿和鲍家铅锌矿、湖北银洞沟银金矿（湖北银矿)、甘肃小铁山多金属矿、河北丰宁牛圈银金矿、广东庞西洞银矿（廉江银矿)、浙江银坑山金银矿、江西虎家光银矿(万年银矿)、内蒙古甲乌拉银铅锌矿、广西凤凰银矿等。

钒是墨西哥矿物学家节烈里瓦于1801年首先发现的,但是,直到

1830年瑞典的塞夫斯唐姆在研究铁矿渣时才得到氧化钒。钒呈浅灰色,是高熔点金属之一,主要用于制造高速切削钢及其他合金钢，在汽车、航空、铁路、电子、国防等部门到处可见到钒的踪迹，钒钢制成的穿甲弹,能够射穿40cm厚的钢板。此外，五氧化二钒广泛用作有机和无机氧化反应的催化剂，有“化学面包”之称。钒盐类的颜色多种多样,常被用来制作吸收紫外线和热射线的玻璃以及玻璃、陶瓷的着色剂。

▲钒铅矿

自然界中钒很难呈单质体存在，主要与其他矿物形成共生矿或复合矿,目前发现的含钒矿物有70多种,但以钒钛磁铁矿、钾钒铀矿、石油伴生矿为主。我国是钒资源比较丰富的国家，在四川攀枝花和河北承德主要为钒钛磁铁矿,而黔东、湘西、鄂西地区则产于石煤或碳质泥岩中。

银钒矿是20世纪70年代末在湖北宜昌、兴山和远安交界地区发现的银和钒均具有经济价值的一种新类型矿产，以兴山白果园银钒矿床为代表。该矿床是鄂西地质大队发现的大型矿床，矿体产于震旦系陡山沱组上部黑色岩系中，其理论意义和工业价值均受到国内外地质学家的高度重视。区内尚有茅草坪、青抱树、横坡等共8个矿床(点),银钒矿远景资源量达640万t。

白果园银钒矿床产于陡山沱组四段中下部，顶板岩石为粉晶—细晶白云岩；底板为细晶白云岩或泥质泥晶白云岩,矿体呈层状,产状与围岩产状基本一致。矿层厚度、品位相对较稳定，矿石中五氧化二钒含量在0.51%～3.79%之间，银含量一般为64～270g/t，银资源储量达大型规模(1863t)，钒为中型(五氧化二钒为21.81万t)，伴生硒元素可综合利用(伴生硒为926.49t)。矿石中银可以独立矿物形式出现，但主要是呈显微包体分散在黄铁矿中。钒主要存在于黏土矿物伊利石中。矿石结构主要有泥质结构、镶嵌结构、半自形—自形粒状结构、他形粒状结构等。矿石构造可划分为浸染状、纹层状、条带状等。

▲银钒矿的泥质结构(据李方会等,2014)

五、铁矿

铁是世界上利用最广，用量最多的一种金属，其消耗量约占金属总消耗量的95%。在自然界中铁一般是以化合物的状态存在，尤其是以氧化铁状态存在的量特别多，目前已发现的铁矿物和含铁矿物约300余种，其中常见的有170余种。但在当前技术条件下，具有工业利用价值的主要是磁铁矿、赤铁矿、磁赤铁矿、钛铁矿、褐铁矿和菱铁矿等。对铁的开发利用而形成的钢铁工业在国民经济建设中占有极为重要的地位，以致人们常把钢铁的产量、品种、质量作为衡量一个国家工业、农业、国防和科学技术发展水平的重要标志。此外，铁矿石还用于作合成氨的催化剂(纯磁铁矿)、天然矿物颜料（赤铁矿、镜铁矿、褐铁矿)、饲料添加剂(磁铁矿、赤铁矿、褐铁矿)和名贵中药石材(磁石)等，但用量很少。

中国是世界上利用铁最早的国

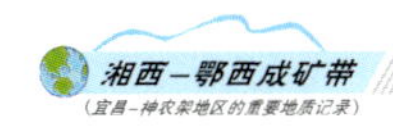

家之一。早在19 000年前，在周口店生活的“山顶洞人”就开始使用赤铁矿粉作为赭红色颜料涂于装饰品上，这是人类利用天然矿物颜料的开始。最早的铁器(由陨铁制成)是在尼罗河流域的格泽和幼发拉底河流域乌尔出土的公元前4000多年前的铁珠和匕首。目前中国最早的陨铁文物是1972年在河北藁城台西村商代中期（公元前13世纪中期)遗址中发现的铁刃青铜钺，它表明我国商代已掌握一定水平的锻造技术，并认识到铁与青铜在性质上的差别。在春秋时代晚期(公元前6世纪)已炼出可供浇铸的液态生铁，铸成铁器，并发明了铸铁柔化术。这一发明加快了铁器取代铜器等生产工具的历史进程。据记载，今山东临淄和河北邯郸铁矿等，在春秋战国时期都已进行过开采。

世界铁矿资源集中在澳大利亚、巴西、俄罗斯、乌克兰、哈萨克斯坦、印度、美国、加拿大、南非等国。我国铁矿资源多而不富，以中低品位矿为主，富矿资源储量只占1.8%，而贫矿储量占47.6%。中小矿多，大矿少，特大矿更少。矿石类型复杂，难选矿和多组分共(伴)生矿所占比重较大。

根据铁矿石产出的条件，可分为不同的类型，在宜昌–神农架地区，分别有产于神农架群中的神农架式铁矿和产于泥盆系中的宁乡式铁矿，且后者规模巨大，总资源量达40亿t。

1. 神农架式铁矿

神农架铁矿位于鄂西神农架林区，含矿地层为神农架群，含矿岩系位于矿石山组下段，下伏地层为大窝坑组白云岩，两者为平行不整合接触，上覆地层为矿石山组上段白云岩。虽然该铁矿产于中元古代地层中，但几乎未受变质作用影响，是中国产出时代最老的未变质的沉积型铁矿之一，具有独特的矿床地质及岩相古地理特征，其独特的矿石类型有别于前寒武纪沉积变质铁矿，因此人们将其称为神农架式铁矿。铁矿一般出露在海拔2000～2500m，主要分布于神农架九冲河、□龙寺、老虎顶、水果园、枕头山等

▲层状铁矿(东坡)

▲红色块状赤铁矿(东坡)

地。目前区内大致查明的矿产地有铁厂湾、九冲、黑水河等小型矿床3处,发现老虎顶、水果园、铁厂沟矿点3处。

铁矿层主要出现在由碎屑岩向泥岩转化的部位,矿体以似层状为主,其次为透镜状;主矿层的上、下围岩中常见有较薄的铁矿夹层或条带,大小不等的铁矿透镜体更是十分常见,显示铁矿形成时水体中铁含量由少变多再变少的过程,或者是砂、泥等陆源碎屑含量减少时有利于铁矿的形成。铁矿层与绿泥石岩、石英砂岩或粉砂岩等围岩之间均呈渐变关系;矿体厚度变化较大,一般为1~6m,且随含矿岩系厚度的变化而变化,两者呈明显的正相关关系。

铁矿石成分比较简单,金属矿物主要为赤铁矿,其次为磁铁矿、针铁矿、菱铁矿等,非金属矿物主要为铁绿泥石、石英,少量水云母、方解石、白云石等。矿石具角砾状结构、鲕状结构,纹层状构造。矿石品位自北而南由富变贫。铁含量最高50.25%,最低21.26%,平均34%左右。有害杂质磷含量为0.16%~0.29%,硫含量为0.007%~0.065%。该类铁矿属浅海沉积型赤铁矿床。

2.宁乡式铁矿

鄂西是“宁乡式”铁矿集中分布区，目前已探明工业矿床32处，其中储量达亿吨以上的大型矿床有4处，千万吨至亿吨的中型矿床有16处，千万吨以下的小型矿床有12处。含矿地层为黄家蹬组和写经寺组，主要岩性为灰绿色、灰紫色薄—中层状石英细砂岩、粉砂岩、粉砂质页岩、含铁质粉砂质页岩夹紫红色鲕状赤铁矿层。

▲层状铁矿（长阳火烧）

▲鲕状赤铁矿

区域上共有4层铁矿，自下而上为Fe_1、Fe_2、Fe_3、Fe_4，其中，Fe_1位于黄家磴组下部，Fe_2位于黄家磴组中上部，Fe_3位于写经寺组底部，为本区的主矿层，Fe_4位于写经寺组上部。除Fe_3、Fe_4的层位较固定外，Fe_1、Fe_2的层位均有变化。矿体呈层状，少量呈透镜状，矿体与顶底板围岩界线清楚。矿石颜色为紫红色、深紫红色、钢灰色，以豆状结构、鲕状结构和砂状结构为主，发育块状及条带状构造。矿石中金属矿物主要有赤铁矿、菱铁矿、褐铁矿等。矿石的铁平均品位一般为37.85%～45.11%，含少量磷、硫，属中品位低硫高磷赤铁矿。

宁乡式铁矿最显著的特点是铁矿石中普遍发育鲕状结构，即由外形、大小像鱼卵的球形或椭球形颗粒组成，少数为不规则状，粒径在0.2～2.5mm之间，通常鲕粒由核心和同心圈层组成，核心的成分多种多样，最常见的是石英砂粒，次为生物碎片及磁铁矿等矿物屑，偶见胶磷矿屑和赤铁矿屑；按核心的多少可以细分为单核、双核和多核鲕粒等；同心圈层可全为纹层状泥晶赤铁矿，也可为泥晶赤铁矿与胶磷矿或鲕绿泥石或微晶方解石频繁互层组成，圈层数量少则十余层，多达50余层，各层厚度不一，疏密相间。单个鲕粒形成后还可再次被包绕在一起，形成复鲕。宁乡式铁矿的另一个特点是矿石中常见腕足类、珊瑚等底栖古生物化石及其碎片，对此现象尚无系统的研究报道。

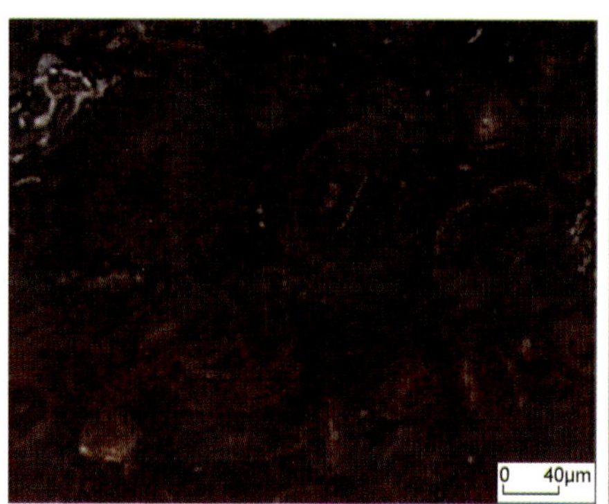

▲同心鲕粒的层圈结构显微照片

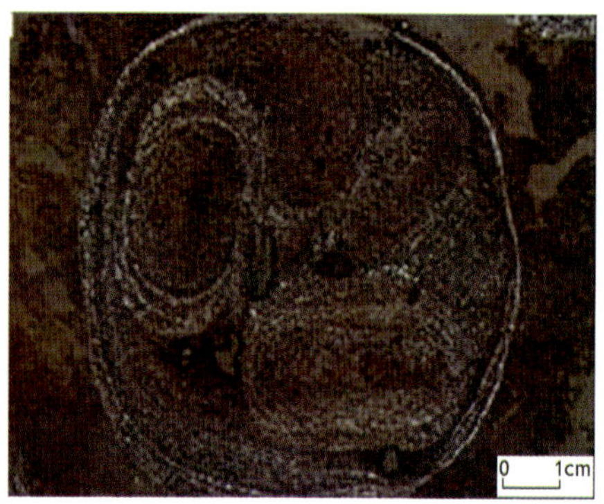

▲由多个鲕粒形成复鲕

▲铁矿石中的珊瑚化石

由于鲕状赤铁矿嵌布粒度极细，且常与菱铁矿、褐铁矿、鲕绿泥石、黏土和含磷矿物共生、胶结或相互包裹，采用常规选矿方法难以达到富铁低磷的指标，宁乡式鲕状赤铁矿是国内公认的最难选的铁矿石类型之一，若能突破选矿难题，鄂西将会成为湖北省最重要的铁矿基地。

近年来，针对宁乡式铁矿提铁降磷技术，实验室研究较多的工艺有磁化焙烧–磁选–反浮选，脱泥–反浮选、直接还原–磁选、解胶浸矿等。其中磁化焙烧–磁选–反浮选和脱泥–反浮选是比较有发展前景的工艺。随着选矿方法的不断改进，宁乡式铁矿的开发利用即将成为现实，这不仅使我国大大降低铁矿的对外依存度，增强自主保障能力，也为地质找矿提供了广阔空间，其重要意义不言而喻。

六、锰矿

锰元素的发现比较晚。18 世纪后半叶，瑞典化学家柏格曼认识到软锰矿是一种新金属氧化物，但是，直到 1774 年，甘恩才分离出了锰。尽管锰的发现较晚，但锰矿物的利用历史却十分悠久，据文献记载，世界上利用锰矿物最早的国家有埃及、古罗马、印度和中国。我国利用锰矿物的历史可追溯到距今约 7000～4500 年前后新石器时代的仰韶文化（彩陶文化）时期。由于软锰矿呈土状，它的颜色呈黑色，极易染手，在古人看来，这是一种奇妙的陶器着色颜料。

锰矿是一种非常重要的战略矿产资源，尤其是富锰矿和优质锰矿资源，已经被我国列为紧缺矿种。在自然界中已知的含锰矿物有 150 多种，分别属氧化物类、碳酸盐类、硅酸盐类、硫化物类、硼酸盐类、钨酸盐类、磷酸盐类等。但含锰最高,能大量富集形成有经济价值的锰矿物却不过5～6种,其中最重要、最有经济价值的是软锰矿、硬锰矿和菱锰矿,另外还有水锰矿、褐锰矿、黑锰矿等,这些矿物中锰的含量可达50%～70%,是锰的重要工业矿物。

在现代工业中,锰及其化合物应用于国民经济的各个领域,其中钢铁工业是最重要的领域,占锰消耗总量的90%～95%,主要作为炼铁和炼钢过程中的脱氧剂和脱硫剂,以及用来制造合金,其余5%～10%的锰用于化学、轻工、建材、国防、电子、环境保护和农牧业等领域。总之,锰在国民经济中具有十分重要的战略地位。

此外,锰是人体必需的微量元素之一,它构成体内若干种有重要生理作用的酶,在细胞代谢中起重要作用,与人体健康关系十分密切。正常情况下,每人每天从食物中摄入锰3～9mg,锰缺乏时可引起下列病变:①骨质疏松,骨骼畸形,软骨受损,中老年人出现疲劳乏力、腰酸背痛、牙齿早脱、易骨折;儿童生长发育迟缓、骨骼畸形。②人体内的过氧化物歧化酶具有抗衰老作用,此酶内含有锰,当锰缺乏时则无抗衰老作用。③人体内严重缺锰时可致不孕症,甚至出现死胎、畸形儿等,男性雄性激素分泌减少。④大脑正常功能的发挥需要锰,当锰缺乏时可致智力减退,儿童多动症,甚至诱发癫痫和精神分裂症。

最早开采的锰矿山是美国田纳西州惠特福尔德(Whitifeld)锰矿,始采于1837年,到1884年锰矿石年产量已达4万t。印度也是开采锰矿较早的国家之一,此外,还有巴西、加纳、澳大利亚、南非和加蓬等国。我国最早开采的锰矿山是湖北阳新锰矿,始采于1890年,后因质量不佳,不久即行停采。阳新锰矿停采后,我国最早的钢铁联合企业,即由汉阳铁厂、大冶铁矿和江西萍乡煤矿三部分组成的汉冶萍煤铁厂矿公司为了解决锰矿原料,于1908年在常宁、耒阳一带开采锰矿,并于1913年在湖南湘潭上五都发现锰矿,1937年改称湘潭锰矿。

我国锰矿的地质找矿工作从

1886年开始，并于1890年首先在湖北兴国州（今阳新）发现锰矿，随后于1897年和1907年又先后在湖南发现安仁、攸县和常宁、耒阳锰矿；1910年发现广西防城大直、钦州黄屋屯锰矿；1913年和1918年，前后发现了湖南湘潭锰矿和广西木圭锰矿、江西乐华锰矿。我国老一辈地质工作者，如朱庭祜、王晓青、田奇琇、王隽、李殿臣、李四光等，对湖南、广东、广西、江苏、江西等地做了大量锰矿地质调查工作，大规模的锰矿地质勘查工作是在中华人民共和国成立以后开展的。

“十二五”期间，在贵州铜仁地区先后新发现了西溪堡（普觉）、道坨、高地、桃子坪4个隐伏超大型锰矿床，累计探获资源量超过6亿t，其中，西溪堡锰矿新探明锰矿资源量1.92亿t，为亚洲第一大锰矿。实现了40年来我国锰矿找矿最大突破，使黔东成为中国锰矿资源最丰富的地区和新的世界级锰矿资源富集区。经过60多年广大地质工作者的努力，截至2016年，中国锰矿的保有储量达15.5亿t，成为继南非、乌克兰、印度、澳大利亚和巴西之后，世界第六大主要锰矿石生产国。

我国锰矿床规模较小，大型矿床（大于2000万t）仅12处，且贫矿多、富矿少，贫锰矿石资源量占全国的93.6%，富锰矿石仅占6.4%，因此，寻找优质富锰矿一直是我国地质勘查研究中的重点工作之一。从空间分布上看，我国锰矿主要分布在华南的贵州、广西、湖南、云南，其次是河北、重庆、四川、辽宁等省区，这些省区查明锰矿资源储量占全国总储量的91%。从赋锰矿地层上看，我国锰矿主要形成于中新元古代、早古生代（寒武纪、奥陶纪）、晚古生代—早中生代，而世界锰矿主要形成于古—中元古代和古近纪渐新世。

宜昌－神农架地区是湖北省最主要的锰矿分布区，区内含锰地层有大塘坡组、陡山沱组、牛蹄塘组、牯牛潭组，其中长阳古城产于大塘坡组的锰矿——古城锰矿为湖北省的最大锰矿床。

古城锰矿位于长阳县城北西约16km的古城村和王家棚村一带，含锰岩系呈透镜状，东西长 2900m，南北宽约 1800m，面积约 $5.2km^2$。其产出层位和矿床、矿石特征均与贵州、湖南以及重庆等地南华系大塘组中的锰矿相似，俗称“大塘坡式”锰矿，是我国重要的优质锰矿类型。含锰地层大塘坡组系江荣吉 1976 年于贵州省松桃县大塘坡锰矿区创名，岩性为黑色薄层状碳质粉砂岩与粉砂质黏土岩，中下部夹锰矿层，上部为黑色含锰页岩。在长阳，该套地层仅出露于古城村附近，含锰层由黑色碳质页岩、含锰页岩和锰矿层组成，而在神农架地区分布较广，最厚达 26.72m。

▲大塘坡组含锰岩系（长阳五家棚）

大塘坡组主矿体赋存在长阳锰矿的第一段含锰黑色页岩下部，长 2025m，宽 1550m。矿体厚度 0.7～6.19m，平均 2.41m，最厚可达 18m 左右。矿体呈层状、似层状、透镜状紧密交错叠置而成，与围岩呈整合接触关系，矿体产状与顶底板围岩产状基本一致。矿体直接顶板为黑色页岩，富含黄铁矿，底板为黑色薄层状含锰碳质页岩，不同部位底板岩层厚薄不一。

矿石矿物以菱锰矿为主，地表局部地段见锰的氧化物。菱锰矿主要呈隐晶质形式存在。此外，锰矿石中还含有陆源碎屑物质、有机质和少量胶磷矿。矿石品位较稳定，锰含量为 15.20%～22.52%。矿石的结构构造比较简单，以条带状构造、块状构造，泥晶－微晶结构、鱼籽状结构、草莓状结构、碎屑结构为主。

▲块状锰矿石

▲鱼籽状结构(据张飞飞等,2013)

七、磷矿

磷矿是指在经济上能被利用的磷酸盐类矿物的总称，是一种重要的化工原料，人类对磷矿的应用已有一百多年的历史，世界上约90%的磷矿用于生产各种磷肥，少量用于生产饲料添加剂和洗涤剂。中国的磷矿消费结构中磷肥占71%，黄磷占7%，磷酸盐占6%，磷化物占16%。

磷是植物生长必不可少的一种元素。磷存在于人体所有细胞中，是维持骨骼和牙齿的必要物质，几乎参与所有生理上的化学反应。磷还是使心脏有规律地跳动、维持肾脏正常机能和传导神经刺激的重要物质。

磷矿石按其成因不同，可分为磷灰石和磷块岩。磷灰石是指磷以晶质体形式出现在岩浆岩和变质岩中的磷矿石，磷块岩系指由外生作用形成的隐晶质或显微隐晶质磷灰石堆积体。自然界中已知的含磷矿物大约有120多种，但是在工业上作为提取磷的主要含磷矿物是磷灰石，其次有硫磷铝锶石、鸟粪石和蓝铁石等。自然界中磷元素约有95%

集中在磷灰石中。

磷矿的工业开采始于19世纪中叶，首次有产量记载的是1847年在英国萨福克地区开采了500t磷矿。

世界上几乎所有的国家都有磷矿床分布，但80%以上的磷矿资源集中分布在摩洛哥和西撒哈拉、南非、美国、中国、约旦和俄罗斯。中国是世界上主要产磷国之一，磷矿资源相当丰富，资源总量接近500亿t，仅次于摩洛哥，居世界第二位，但高品位磷矿储量低，云南、贵州、四川、湖北是我国磷矿最为丰富的4个省份。尽管我国磷矿资源较为丰富，但是，如果按照当前"采富弃贫"的开采模式，20年后我国的富磷矿石将开采殆尽，这意味着磷矿资源将在未来迅速枯竭，因此，磷矿已经被我国定性为战略性资源。

磷矿中普遍伴生有中重稀土元素，可以综合回收利用，此外，从磷化工回收氟，进而开发有机和无机氟化工高端材料，已

磷灰石

角砾状磷块岩(宜昌富磷矿石)

▲磷矿石

成为国内氟化工和磷化工产业界的一个热点,延长磷化工产业链,又可推动磷矿石清洁加工和高端氟材料产业发展。

磷矿为湖北省的主要优势矿种之一,其资源储量居全国首位,主要分布在宜昌—兴山—神农架一线和钟祥—南漳一线的鄂西地区,包括宜昌-神农架林区、房县、保康、兴山、秭归、远安、谷城、南漳、襄阳、宜城、枣阳、钟祥、荆门等县市,已发现磷矿床39处,其中大型11处,中型5处,小型11处,储量达60.24亿t,居全国第一位,五氧化二磷平均品位为22.34%。

区域上,磷矿产于震旦纪陡山沱组中,共有4个含磷层位,自下而分别为Ph1、Ph2、Ph3和Ph4。在剖面上,各矿层之间为几米到数十米厚的碳酸盐岩隔开。Ph1是鄂西地区主要工业磷矿层,分布稳定,在各矿区均有分布,自下而上矿石类型为泥质条带状磷块岩—泥质条纹状磷块岩—白云质条带磷块岩—致密块状磷块岩(或叠层石磷块岩),矿石构造从条带、条纹到中厚层状再到块状;结构为胶状-团粒—壳粒结构;品位有低—中—低—高的规律;白云质条带磷块岩中含有核形石、小型穹隆状叠层石(局部可形成点礁)、浅红色磷块岩团块,滑塌构造发育,磷块岩条带似断非断,其顶通常发育风暴成因的冲刷构造;在荆襄和兴神矿区,Ph1矿层顶部均发育浅红色叠层石磷块岩,构成鄂西的优质磷矿。致密块状磷块岩中普遍发育不规则的磷质团块,团块内含有藻类、疑源类化石。

▼底部为块状磷块岩,往上为中薄层状磷块岩,上部为白云岩

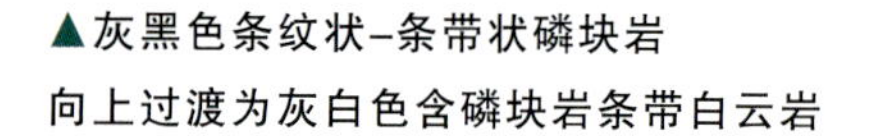

▲灰黑色条纹状–条带状磷块岩
向上过渡为灰白色含磷块岩条带白云岩

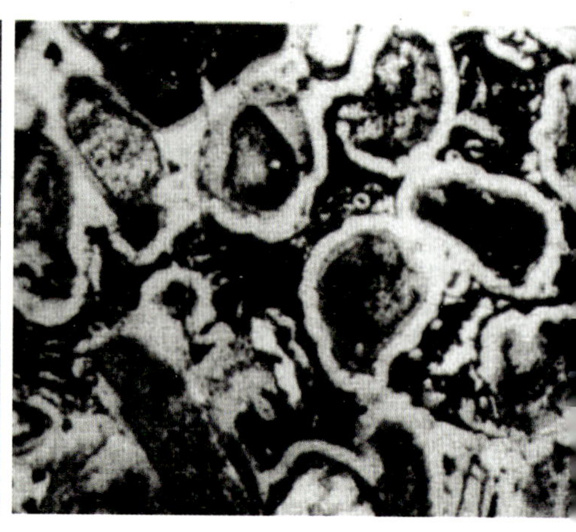

▲壳粒磷块岩(据郑文忠等,1992)

矿石中磷酸盐类矿物主要为泥晶磷灰石(胶磷矿)及亮晶磷灰石,泥晶磷灰石含量在55%~93%之间,亮晶磷灰石含量为1%~5%。据矿石的构造构造可细分为块状磷块岩、条带状磷块岩、薄—中层状磷块岩、角砾状磷块岩等。

根据磷矿的空间分布情况,可将鄂西磷矿划分为荆襄、宜昌和兴神保3个磷矿集中区。荆襄磷矿区自北而南包括牛心寨、王集、龙会山、大峪口、莲花山、胡集、放马山、熊家湾、朱堡埠、冷水等矿区及矿段,区内有4个含磷层位,其中下部3个均为工业矿层,是中国南方陡山沱组中含磷岩系发育最全的地区。以下部第一磷矿层质量最好,在王集、龙会山一带平均厚5~10m,最厚达12.33m,累计探明储量3.45亿t,经过50年大规模开采利用,资源正走向枯竭,已成危机矿山。

宜昌磷矿区是湖北省富磷矿石主要产区。主要分布在夷陵、兴山、远安三地交界处,由16个矿床(段)组成,为国内五大磷矿基地之一,探明的磷矿石资源储量已超过20亿t,位居全国第二,占湖北省全部储量的54%,2010年发现的远安杨柳矿区初步探明储量达 4.29 亿 t，为中华人民共和国成立以来发现的单一矿区最大磷矿床。

兴神保矿区包括兴山、神农架、保康矿集区，Ph1、Ph2 矿层均具有工业价值。其中在神农架矿集区估算远景资源量约 1.5 亿～2.0 亿 t，是湖北省重要的磷矿后备基地。在保康矿集区，磷矿层位划分标志不明显，各矿层不易区分，已探明地质储量 3.98 亿 t，保有储量 3.37 亿 t，平均品位 23.64%，位列中国八大磷矿第四位，2014 年保康县马良镇竹园沟下坪新发现一特大型磷矿，磷矿资源量达 4.95 亿 t，同样名列中国八大磷矿床之列。

磷矿不仅是现代工业和农业的重要原料，而且，在地质历史上震旦纪成磷事件对应后生生物的出现；寒武纪早期成磷作用与寒武纪“生命大爆发”相对应。在华南地区，以瓮安生物群、庙河生物群和蓝田植物群为代表的真核生物辐射事件对应陡山沱期成磷事件，寒武纪梅树村小壳生物群的繁盛对应梅树村期成磷事件。最早的后生动物及动物的骨骼化事件几乎与成磷事件同时进行。华南磷质骨骼化石最早出现在寒武纪初期，研究认为，磷在古海洋中的富集可能是生物进化的原始“催化剂”。陡山沱组磷块岩中保存有精美的微体古生物化石，这些化

▲保康珍珠球藻（线段表示 100μm）

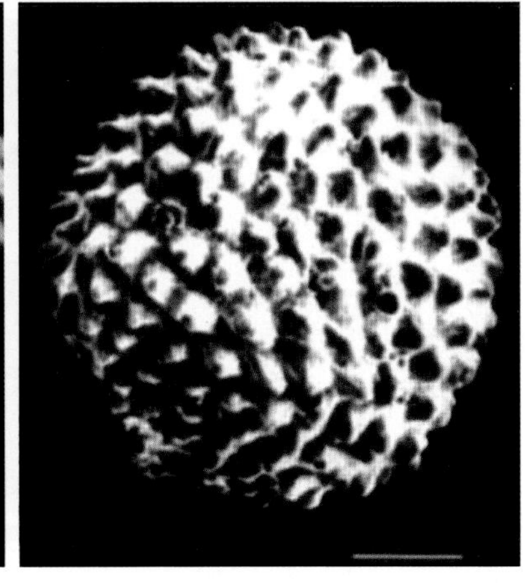

▲大刺球藻（线段表示 100μm）

石主要包括底栖的多细胞藻类、浮游的大型复杂疑源类、微管状腔肠动物、动物胚胎化石和可疑的海绵化石，以及球状和丝状蓝菌化石等，其中最具代表性的分子是多细胞藻类和大型复杂疑源类。2004 年，周传明曾报道湖北保康白竹磷矿陡山沱组磷块岩中含有多细胞藻类、大型具刺疑源类、球状蓝菌类、丝状蓝菌以及新发现的珍珠球藻化石；2009 年，尹崇玉等人在保康白竹磷矿陡山沱组发现动物休眠卵和胚胎化石，因此，磷与早期生物的出现有着密切的关系，磷矿的研究对于解开早期多细胞生命的出现及演化具有重要的科学价值。

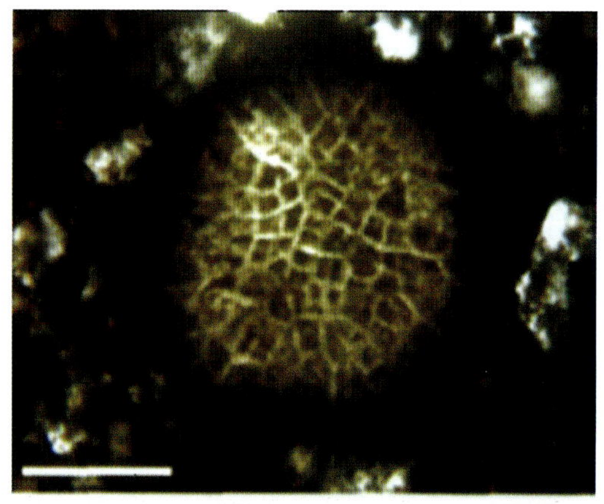

多细胞藻类–球形瓮安藻（线段表示 120μm。据尹崇玉等，2009；白竹磷矿）▶

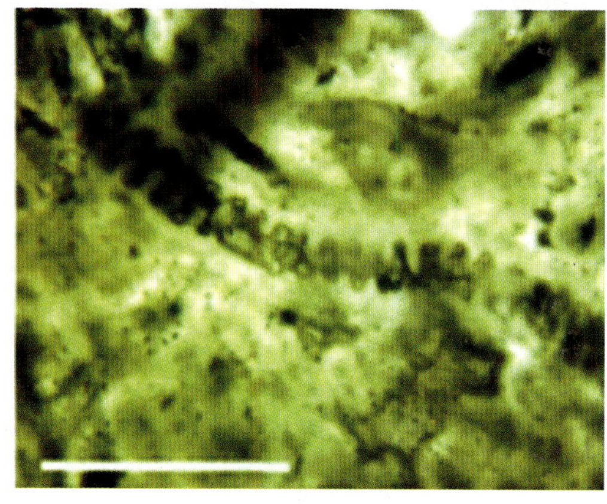

丝状藻类化石–小奥勃台契夫藻（线段表示 100μm。据尹崇玉等，2009；白竹磷矿）▶

▲磷块岩中的古生物化石

八、石墨矿

石墨是碳元素的结晶矿物之一，与金刚石、碳纳米管、石墨烯等一样，都是碳元素的单质。石墨呈钢灰色、黑灰色，具半金属光泽，有滑感，易污手。它既具有非金属矿物的一般性能，又兼有金属和有机塑料的某些特性，素有“黑金子”的美称。根据结晶程度，将石墨划分为晶质石墨和隐晶质石墨两类。晶质石墨又称鳞片状石墨，晶粒大于1μm，主要用作提取高纯石墨（含碳量大于99.99%）制品的原料，鳞片愈大，经济价值愈高；隐晶质石墨又称土状石墨、无定形石墨，是指晶粒微细，一般显微镜下不易辨认其晶体形状的天然石墨，晶粒一般小于1μm。

石墨广泛应用于冶金、机械制造、电气、化工、核工业、航天等领域。此外，石墨还是轻工业中玻璃和造纸的磨光剂和防锈剂，制造铅笔、墨汁、黑漆、油墨和人造金刚石的原料。早在16世纪就开始被应用，但其应用领域是随着科学技术进步不断扩大的，如19世纪石墨的应用领域中增加了冶炼用电极、孤光用碳棒和干电池，20世纪中后期则在电子、化工、核工业、航天工业等领域得到了广泛应用。

中国发现和利用石墨的历史悠久。古籍中曾有不少关于石墨的记载。如《水经注》载“洛水侧有石墨山。山石尽黑，可以书疏，故以石墨名山矣”。从考古挖掘出来的甲骨、玉片、陶片发现，早在3000多年前商代就有用石墨书写的文字，一直延续至东汉末年（公元220年），石墨作为书墨才被松烟制墨所取代。20世纪初期，用石墨制造电池和铅笔的技术传入中国，当时称为“电煤”和“笔铅”的石墨，开始用于近代工业，推动了中国石墨采掘业的发展。中华人民共和国成立后,国家对石墨矿投入了大量的地质找矿工作,探明了大量可供工业利用的储量和丰富的后备资源,全面掌握了中国石墨矿产资源特征和分布规律;随着冶金、机械、电气等工业发展的需要,石墨生产得到蓬勃发展。

自2010年石墨烯的发现以来,引起了电子通信、锂离子电池、航天军工、生物医药、环保等新兴领域对石墨的广泛关注。随着研究的深入,石墨将跨越传统行业,在环保、热交换、储能、石墨烯及超级电容器等新领域得到广泛的应用。有专家预言"二十世纪是硅的世纪,二十一世纪将是碳的世纪"。石墨已被列为我国重要的战略性资源。

全球石墨资源量巨大,但其空间分布较为集中,如巴西、中国、印度和墨西哥的石墨储量合计占世界总储量的92.22%。中国石墨资源丰富,总保有量居世界之首,是中国的优势矿产。晶质石墨主要分布在黑龙江、内蒙古、四川、山西、山东、河南、湖北等20个省份,其中黑龙江省晶质石墨资源储量居全国第一;隐晶质石墨主要分布在内蒙古、湖南、广东、吉林、陕西等10个省份,其中内蒙古隐晶质石墨资源储量最大。截至2015年底,我国查明的晶质石墨资源量为2.64亿t,隐晶质石墨资源量为3548万t,预测埋深500m以浅晶质石墨资源量为17.2亿t。同时,中国一直是全球石墨最主要出口国,出口量一直占全球出口总量的55%以上。全球近65%左右的天然石墨资源由中国生产。

湖北省晶质石墨矿资源储量位居全国第11位,截至2014年底保有晶质石墨矿资源储量为156.1万t,主要分布在宜昌市夷陵区。

宜昌的石墨矿分布于黄陵背斜北部,有石墨矿床(点)16处,其中中型矿床有三岔垭和二郎庙2处,小型矿床有东冲河和谭家河2处,均属晶质石墨矿,石墨片径0.15～2mm者占60%以上,最大片径达4～5mm,为优质鳞片状石墨矿,是中南地区唯一的磷片状石墨矿,在全国五大磷片石墨矿中品位居第一,储量居第三位。

石墨矿主要产于黄凉河岩组下

段，含石墨岩系总体为一套受混合岩化作用影响的富铝中深变质岩和大理岩，主要岩石为石榴黑云斜长片麻岩、含石墨红柱石榴黑云斜长片麻岩、黑云石墨绢云片岩、石墨片岩、二云石墨片岩等。主要含矿岩性为富铝质片岩－大理岩，其次为石墨片麻岩/片岩－钙硅酸盐岩。含石墨岩系的原岩为含碳的泥质粉砂岩、粉砂质泥岩和碳酸盐岩。

区内共有4层石墨矿，自下而上编号为Ⅰ、Ⅱ、Ⅲ、Ⅳ矿层，Ⅰ矿层规模小,厚度和矿石质量变化大;Ⅱ矿层为东冲河石墨矿区的主要工业矿层,二郎庙矿区的次要工业矿层,矿体底板为大理岩,顶板为大理岩、片麻岩、石英岩;Ⅲ矿层为东冲河石墨矿区的次要工业矿层，矿体底板为石英岩、白云石大理岩、黑云斜长片麻岩,顶板为石英岩、黑云斜长片麻岩,矿体沿倾向变化较大,夹层变多;Ⅳ矿层为二郎庙矿区的主要工业矿层,含矿连续性好,底板以白云石大理岩为主，局部为黑云斜长片麻岩,顶板为黑云斜长片麻岩、辉长辉绿岩。

在主要工业矿层中,石墨矿体呈层状、似层状和透镜状产出,与上下岩层呈明显的整合接触，产状一致。多产于片岩、片麻岩与大理岩、透闪石－透辉石岩及石英岩的过渡部位。后期褶皱变形对石墨矿体厚度具有一定的改造作用,表现为常在褶皱构造的转折端加厚,而在翼部发生不同程度的变薄或构造透镜化。石墨矿普遍遭受到不同程度的混合岩化作用的影响,一方面可使石墨鳞片发生次生加大,另一方面会导致矿石品位变贫，并使矿层在纵向上分布不稳定，给矿层对比带来困难。

▲石墨矿中的黄铁矿脉

▲块状晶质石墨(晶粒粗大)

结　语

宜昌－神农架地区不仅有优美的自然风光、美丽的传说和悠久的历史文化，而且区内还保存有35亿年以来的地球历史记录，让人们一窥早期地壳的物质组成及其经历的沧桑巨变，同时保存有丰富的地球早期生命起源的化石信息，该区是开展地球形成演化、早期生命形态及生存环境等研究的理想之地和重要地区，区内还保存有多处早期人类活动的遗址。在本书即将付梓出版之时，又传来在长阳清江与丹江河交汇处发现距今5.18亿年的清江动物群化石的好消息，因此，可以说宜昌是地球之眼、生命之源。宜昌－神农架地区丰富的地质记录、生命内涵还需人们努力去发现、研究，我们相信，随着研究的深入和研究方法、观察手段的改进，在宜昌－神农架地区会有越来越多的令人惊讶的新发现。

在宜昌－神农架地区保存有丰富的和独特的地质现象，这些现象恐怕用千页篇幅也不能尽述。本书重点选取早古生代及其以前的已有的地质发现和科学研究成果挂一漏万地进行解读，同时，受作者对相关学科专业知识的了解程度所限，部分解读可能存在不尽合理之处。书中在引用前人研究成果时，尽可能地标明相关学者和出处，但也有部分内容未列出作者等信息，恳请相关人员谅解。编写过程中武汉地质调查中心汪啸风研究员提供了“金钉子”方面的内容，王传尚研究员、彭三国教授等人提供了部分古生物化石、矿石照片，在此表示衷心感谢！

在编写本书的过程中，深感力不从心，宜昌－神农架地区有太多的地质现象需要记述，也深深感受到中国的地质学家、古生物学家们取得的丰硕成果来之不易，是几代人的辛勤劳动才取得了今天的辉煌成果，然而，这些成果如何让大众了解和熟知，如何在当地的经济社会发展中发挥其作用？需要更多的人参与进来，参与到了解地球、保护地球、保护我们的家园中来。

主要参考文献

陈平. 湖北宜昌计家坡下寒武统底部小壳化石的发现及其意义[C]// 地层古生物论文集,1984, 13: 49-64.

陈志明. 沉积铁矿形成过程中的生物作用 [J]. 地球科学进展,1992,7(6): 56-59.

陈孟莪, 萧宗正. 峡东地区上震旦统陡山沱组发现宏体化石[J]. 地质科学, 1991(4): 317-324.

陈孟莪, 萧宗正. 峡东震旦系陡山沱组宏体生物群 [J]. 古生物学报, 1992,31 (5): 513-529.

陈孟莪, 萧宗正, 袁训来. 晚震旦世的特种生物群——庙河生物群新知[J]. 古生物学报, 1994,33(4): 319-403.

陈孝红, 王传尚, 刘安, 等. 湖北宜昌地区寒武系水井沱组探获页岩气[J]. 中国地质,2017, 44(1): 187-189.

陈孝红, 张保民, 张国涛, 等. 湖北宜昌地区奥陶系五峰组—志留系龙马溪组获页岩气高产工业气流[J]. 中国地质, 2018,45(1): 199-200.

陈旭, 戎嘉余, 樊隽轩, 等. 奥陶系上统赫南特阶全球层型剖面和点位的建立[J]. 地层学杂志, 2006,30(4): 289-304.

丁莲芳, 李勇, 胡夏嵩, 等. 震旦纪庙河生物群[M]. 北京: 地质出版社, 1996.

段其发, 曹亮, 周云, 等. 湘西—鄂西地区铅锌床成因与矿成矿规律研究[M]. 武汉: 中国地质大学出版社,2018.

范正秀,旷红伟,柳永清,等. 扬子克拉通北缘中元古界神农架群乱石沟组叠层石类型及其沉积学意义[J]. 古地理学报,2018,20(4): 545-561.

郭俊锋,李勇,韩健,等. 原锥虫属(Protoconites Chen et al.,1994)在湖北三峡地区纽芬兰统（Terreneuvian）岩家河组的发现 [J]. 自然科学进展,2009,19(2): 180-184.

郭俊锋,强亚琴,宋祖晨,等. 寒武纪早期岩家河生物群: 研究进展和展望[J]. 古生物学报,2017,56(4): 461-475.

胡宁. 鄂西神农架地区中元古界乱石沟组岩相古地理 [J]. 矿物岩石,1997,17(1): 58-62

胡宁,徐安武. 鄂西宁乡式铁矿分布层位岩相特征与成因探讨[J]. 地质找矿论丛,1998,13(1): 40-46.

胡古月,范昌福,万德芳,等. 湖北峡东地区"盖帽碳酸盐岩"中燧石条带的地球化学特征及其古环境意义[J]. 地质学报,2013,87(9): 1469-1476.

蒋干清,史晓颖,张世红. 甲烷渗漏构造、水合物分解释放与新元古代冰后期盖帽碳酸盐岩[J].科学通报,2006,51(10): 3-20.

旷红伟,柳永清,范正秀,等. 扬子克拉通北缘中元古界神农架群沉积特征[J]. 古地理学报,2018,20(4): 523-544.

李方会,杨刚忠,姚燕,等. 湖北省兴山县白果园银钒矿床基本特征及成矿模式[J]. 资源环境与工程,2014,28(3): 246-251.

李怀坤,张传林,相振群,等. 扬子克拉通神农架群锆石和斜锆石U-Pb 年代学及其构造意义[J]. 岩石学报,2013,29(2): 672-697.

廖士范. 中国宁乡式□矿的岩相古地理条件及其成矿规律的探讨[J]. 地质学报,1964,44(1): 68-80.

刘鹏举,尹崇玉,陈寿铭,等. 华南埃迪卡拉纪陡山沱期管状微体化石分布、生物属性及其地层学意义[J]. 古生物学报,2010,49(3): 308-324.

卢山松，邱啸飞，谭娟娟，等. 扬子克拉通北缘神农架地区矿石山组Pb-Pb 等时线年龄及其地质意义[J].地球科学，2016,41(2): 317-314.

穆恩之. 论五峰页岩[J]. 古生物学报，1954(2): 153-172.

潘时妹，冯庆来，常珊. 湖北宜昌寒武系纽芬兰统岩家河组小壳化石[J]. 微体古生物学报，2018，35(1): 30–40.

钱迈平，邢光福，马雪，等. 神农架世界地质公园中元古代巨型叠层石[J]. 地质学刊，2017,41(4): 523-528.

屈原皋，解古巍，龚一鸣. 10 亿年前的地 - 日 - 月关系: 来自叠层石的证据[J]. 科学通报，2004,49(20): 2083-2084.

戎昆方，李景阳，安裕国. 初论生物成因的洞穴叠层石的形成条件[J]. 中国岩溶，1998,17(3): 285-292.

戎嘉余，陈旭，王怿，等. 奥陶—志留纪之交黔中古陆的变迁: 证据与启示[J]. 中国科学(D 辑)，2011,41(10): 1407-1415.

沙庆安，刘鸿允，张树森，等. 长江峡东区的南沱组冰碛岩[J]. 地质科学，1963(3): 139-148.

盛莘夫. 中国奥陶系划分和对比[M]. 北京: 地质出版社，1974.

孙云铸. 中国含笔石地层[J]. 中国地质学会志，1931(10): 291-299.

孙云铸. 就中国古生代地层论地史时代划分之原则 [J]. 中国地质学会志，1943,23(1-2): 41.

唐烽，尹崇玉，Stefan Bengtson，等. 最早的栉水母化石——华南伊迪卡拉纪的“八臂仙母虫”[J]. 地球学报，2009,30(4): 543-553.

尹赞勋. 关于龙马溪页岩[J]. 地质论评，1943(8): 1-8.

袁训来，肖书海，尹磊明，等. 陡山沱期生物群——早期动物辐射前夕的生命[M]. 合肥: 中国科学技术大学出版社，2002.

王福星，曹建华，江利登，等. 岩溶洞穴叠层石 [J]. 古生物学报，1994,33(2): 172-178.

王家生，王舟，胡军，等. 华南新元古代“盖帽”碳酸盐岩中甲烷渗漏事件的综合识别特征 [J]. 地球科学——中国地质大学学报，2012,27（增 2）: 15-22.

王家生，甘华阳，魏清，等. 三峡“盖帽”白云岩的碳、硫稳定同位素研究及其成因探讨[J]. 现代地质，2005,19(1): 1-20.

王曰轮，陆松年，高振家，等. 中国震旦纪冰川特征、分期及对比[J]. 中国地质科学院天津地质矿产研究所分刊，1980,1(1): 1-16.

王钰. 三峡式下部古生代地层之分层[J]. 地质论评，1945,10(Z1): 9-14.

汪啸风，倪世钊，曾庆銮，等.长江三峡地区生物地层学早古生代分册[M]. 北京:地质出版社，1987.

夏晓旭，旷红伟，宋天锐，等. 扬子克拉通北缘中元古界神农架群台子组沉积特征[J]. 古地理学报，2018,20(4): 563-578.

尹崇玉，刘鹏举，陈寿铭，等. 峡东地区埃迪卡拉系陡山沱组疑源类生物地层序列[J]. 古生物学报，2009,48(2):146-154.

尹磊明，周传明，袁训来，湖北宜昌埃迪卡拉系陡山沱组天柱山卵囊胞——*Tianzhushania* 的新认识[J]. 古生物学报，2008,47(2):129 -140.

张飞飞，彭乾云，朱祥坤，等. 湖北古城锰矿 Fe 同位素特征及其古环境意义[J].地质学报，2013,87(9):1411-1418.

赵彦彦，郑永飞. 全球新元古代冰期的记录和时限 [J]. 岩石学报，2011,27(2): 545-565.

郑文忠，东野脉兴，胡路兰，等.鄂西兴神保聚磷区含磷岩系岩石学特征及其沉积环境分析[J].化工地质，1992,14(2):1-10.

周传明，薛耀松. 湘鄂西奥陶纪宝塔组灰岩网纹构造成因及沉积环境探[J]. 地层学杂志，2000,24(4): 207-309.

周铭魁，王汝植，李志明，等.中国南方奥陶纪－志留纪岩相古地理与成矿作用[M]. 北京:地质出版社，1987.

朱茂炎. 虫子的一小步，动物演化史上的一大步 [J]. 科学通报，2018,63(22): 2197-2198.

朱为庆，陈孟莪. 峡东区上震旦统宏体化石藻类的发现 [J]. 植物学报，1984,26 (5):558-560.

Chen D F, Dong W Q, Qi L, et al. Possible REE constraints on the depositional and diagenetic environment of Doushantuo Formation phosphorites containing the earliest metazoan fauna[J]. Chemical Geology, 2003,201(1): 103-118.

Chen Z, Chen X, Zhou C, et al. Late Ediacaran trackways produced by bilaterian animals with paired appendages [J]. Science Advances, 2018,4 (6): eaao6691.

Chu X L, Zhang Q R, Zhang T G, et al. Sulfur and Carbon isotopic variations in Neoproterozoic sedimentary rocks from southern China[J]. Progress in Natural Science, 2003, 13(11): 875-880.

Hoffman P F, Kaufman A J, Halverson G P, et al. A Neoproterozoic snowball Earth[J]. Science, 1998,281(5381): 1342-1346.

Hoffman P F, Schrag D P. The snowball Earth hypothesis: Testing the limits of global change[J]. Terra Nova, 2002,(14): 129-155.

Hoffmann K H, Condon D J, Bowring S A, et al. U-Pb zircon date from the Neoproterozoic Ghaub Formation, Namibia: Constraintson Marinoan glaciation[J]. Geology, 2004,32(9):817-820.

Kamber B S, Webb G E. The geochemistry of late Archaean microbial carbonate: Implications for ocean chemistry and continental erosion history [J]. Geochimica et Cosmochimica Acta, 2001,65(15): 2509-2525.

Kaufman A J, Knoll A H. Neoproterozoic variations in the C-isotopic composition of seawater: Stratigraphic and biogeochemical implications [J]. Precambrian Research, 1995,73(1): 27-49.

Liu D Y, Nutman A P, Compston W, et al. Remnants of 3800Ma crust in the Chinese part of the Sino-Koran Craton[J]. Geology, 1992, 20(4): 339-342.

Liu P J, Yin C Y, Chen S M, et al. Discovery of Ceratosphaeridium (Acritarcha) from the Ediacaran Doushantuo Formation in Yangtze Gorges, South China and its biostragraphic implication[J]. Bulletin of Geosciences, 2012, 87(1): 195-200.

Shu D. Cambrian explosion: Bitth of tree of animals[J].Gondwana Research, 2008, 14(1-2): 219-240.

Wang J S, Jiang G Q, Xiao S H, et al. Carbon isotope evidence for widespread methane seeps in the ca. 635Ma Doushantuo cap carbonate in south China[J]. Geology, 2008, 36(5): 347-350.

Yin Leiming, Zhu Maoyan, Knoll A H, et al. Doushantuo embryos preserved inside diapause egg cysts[J]. Nature, 2007, 446(7136): 661-663.

Zhang S B, Zhemg Y F, Wu Y B, et al. Zircon U-Pb age and Hf isotope evidence for 3.8Ga crustal remnant and episode reworking of Archean crust in South China[J]. Earth and Planetary Science Letters, 2006, 252(1-2):56-71.

Zhang S H, Jiang G Q, Zhang J M, et al. U-Pb sensitive high solution ion microprobe ages from the Doushantuo Formation in South China, Constraints on late Neoproterozoic glaciations[J]. Geology, 2005, 33(6): 473-476.

Zhu M Y, Lu M, Zhang J M, et al. Carbon isotope chemostratigraphy and sedimentary facies evolution of the Ediacaran Doushantuo Formation in western Hubei, South China[J]. Precambrian Research, 2013(225): 7-28.

Zhu M Y, Zhang J M, Michael S, et al. Sinian-Cambrian stratigraphic framework for shallow- to deep-water environments of the Yangtze Platform: An integrated approach[J]. Progress in Natural Science, 2003, 13(12): 951-960.